编程的乐趣

用 Python 解算法谜题

[美] 斯里尼·德瓦达斯（Srini Devadas）◎著
戴 旭 李亚舟 许亚运◎译

人民邮电出版社
北京

图书在版编目（CIP）数据

编程的乐趣 ： 用Python解算法谜题 / （美） 斯里尼·德瓦达斯（Srini Devadas）著 ； 戴旭， 李亚舟， 许亚运译. -- 北京 ： 人民邮电出版社， 2019.6
（Programming for the Puzzled: Learn to Program While Solving Puzzles）
ISBN 978-7-115-50943-7

Ⅰ. ①编… Ⅱ. ①斯… ②戴… ③李… ④许… Ⅲ. ①软件工具－程序设计 Ⅳ. ①TP311.561

中国版本图书馆CIP数据核字(2019)第043719号

内容提要

这是一本介绍通过解决复杂谜题来学习编程的书，书中的代码用 Python 语言编写。与以往的编程书不同，本书将对代码功能的理解与编程语言语法和语义的理解分离开来，从解每个谜题开始，先给出解谜题的算法，随后用 Python 语法和语义实现对应的算法，并适当做出解释。本书包含了 21 个谜题，其中很多谜题都广为流传，如多皇后、汉诺塔、在几秒钟内解决数独问题、验证六度分隔猜想等，每个谜题后面都配有不同难度的编程习题，帮读者加深对相关算法的理解。

本书在算法谜题的趣味性和计算机编程的实用性之间搭建了一座桥梁，内容饶有趣味，讲述易于理解，适合已掌握初级编程概念并对算法感兴趣的学习者阅读和参考。

◆ 著　　　　[美] 斯里尼·德瓦达斯（Srini Devadas）
译　　　　戴　旭　李亚舟　许亚运
责任编辑　杨海玲
责任印制　焦志炜

◆ 人民邮电出版社出版发行　　北京市丰台区成寿寺路 11 号
邮编　100164　　电子邮件　315@ptpress.com.cn
网址　http://www.ptpress.com.cn
大厂聚鑫印刷有限责任公司印刷

◆ 开本：720×960　1/16
印张：15
字数：278 千字　　　　2019 年 6 月第 1 版
印数：1 – 3 000 册　　2019 年 6 月河北第 1 次印刷

著作权合同登记号　图字：01-2018-3261 号

定价：59.00 元

读者服务热线：(010)81055410　印装质量热线：(010)81055316
反盗版热线：(010)81055315
广告经营许可证：京东工商广登字 20170147 号

版权声明

前　言

谜题趣味非凡。顶级谜题的解可没那么浅显易得，需要灵光一闪才能发现。算法谜题是指谜题的解法就是算法，解题的步骤可以被机器自动执行。算法可以用英文或者其他任何自然语言来描述，但是为了更加精确，往往会用伪代码进行描述。之所以称为“伪代码”，是因为它尚未细化到足以在计算机上运行的程度，与用编程语言编写的代码不大一样。

当今世界有越来越多的人以计算机编程为业。为了学习编程，我们首先要通过简单的例子学习基本的编程结构，例如赋值语句和控制循环之类，而编程习题往往涉及将算法的伪代码转译为用所学编程语言编写的代码。程序员同样能从求解谜题所需的分析技能中获益。无论是将规格说明转换为编程结构，还是定位早期代码中的错误（也就是调试过程），这些分析技能都不可或缺。

我在 MIT 教大一和大二学生编程有几十年了，我越来越清楚学生对实际应用的兴趣更加强烈。很少有人愿意为了编程而编程。谜题（puzzle）就是一种最棒的实际应用，它的优势在于易于描述和引人注目。后者如今尤为重要，因为讲课者必须和 Snapchat、Facebook 和 Instagram 争夺注意力。正如我的前辈们一样，我也发现让学生犯困的最佳方法就是介绍讨厌的编程语法或语义，只要几分钟就够了。

本书是我对编程教学的一次尝试，在算法谜题的趣味性与计算机编程的实用性之间架起一座桥梁。这里假定读者对编程的基本概念已有起码的了解，这些概念可以通过学习高中阶段的计算机科学入门课或大学预修（Advanced Placement，AP）课获得，也可以通过学习 MITx/edX 6.0001x 之类的课程获得。

本书中每个谜题的开始都会介绍一道谜题，其中不少谜题都脍炙人口，以各种变体形式在一些出版物和网站上出现过。在经历一两次失败的解谜尝试之后，突然灵光一闪，一种搜索策略、一个数据结构、一个数学公式跃然而出，答案就这么自行现身了。有时候会对谜题给出明显“暴力”的解法，本书会先解释相关的算法与代码，再将其解释为“失败”，然后再“捧出真经”，引出更加优雅和高效的解法。

谜题的解法正是需要编写的代码的规格说明书。读者要先了解代码要做的事情，然后再看代码。我坚信这是一种很强大的教学理念，因为这把对代码功能的理解与编程语言语法和语义的理解分离开来。对于理解代码所需的语法和语义，将本着“现学现用”的原则进行介绍。

由谜题的物理世界到程序的计算机世界虽然很有趣，但并不总是一帆风顺。在某些情况下，必须假定某些操作在计算机世界中效率低下，因为其在物理世界中就是如此。本书会尽量减少这种情况的出现，但是仍无法完全避免。相信这不会对学习造成困扰，而且在极少出现的几处地方，书中都会明确指出。

读者可以采取多种方式来阅读和使用本书。如果仅对谜题本身及其答案感兴趣，完全可以在想出自己的解法或阅读本书给出的解法后即刻停止。但我不希望读者就此止步，因为讲解如何得出解法并转成可执行代码是写作本书的主要目的。读完整个谜题将对编写实用的程序所需的要素有很好的感知，实用的程序能供任何人自行运行和使用。我尽力确保对 Python 语法和语义的介绍能满足解谜代码的需要，但如果读者对 Python 语法、语义和库等有任何疑问，则 Python 的官方网站上有极佳的学习资源，edX/MITx 6.0001x 课程也有对 Python 编程的很好介绍。

如果读者能在自己的计算机上安装和运行 Python，就会从本书收获更多东西。这可以通过访问 Python 的官方网站来实现。书中所有谜题解法的代码都可以从 MIT 出版社网站下载。这些代码已在 Python 2.7 及以上版本（包括 3.x 版本）中测试过。当然，欢迎读者忽略这些可下载的代码，而编写自己的解题代码。强烈建议读者采用与书中示例不同的输入运行一下从网站下载或自行编写的程序。尽管我确实已尽力去除程序中的 bug，但仍不能保证代码没有错误。注意，加入对输入的检查会让代码显得零乱，因此，书中给出的代码假定输入符合谜题的描述，如果收到出乎意料的输入就不一定会有预期的表现了。为了加深对编程的理解，有一种最好的方式就是不断改进每一个谜题的代码，严格地检查格式错误的输入。

在每个谜题的结尾都会有几道编程的习题。这些习题的难度与所需编写的代码量各有不同。做完每个谜题的习题，将有助于充分掌握本书的内容。读者必须对谜题相关的代码有足够的理解，然后才有能力对其做出修改或改进其功能。书中的一部分习题包含了对错误输入的检查。标为“难题”的习题需要相当大的代码量，或要对已给出的谜题代码进行重构。其中的一部分难题可视为已介绍谜题的高级版本。本书没有提供习题和谜题的答案，教学人员可到 MIT 出版社网站的本书页面去获取。

我始终坚信应通过实践来学习，如果你能成功地自行完成所有习题，你将顺利成为一名计算机科学家！祝你好运。

致　谢

我在我的母校加州大学伯克利分校休假期间写了这本书。感谢 Robert Brayton 教授让我借用他在 Cory Hall 的办公室，在那里我完成了本书的大部分内容。感谢我在伯克利的房东 Sanjit Seshia、Kurt Keutzer 和 Dawn Song 让我享受了一个愉快且富有成果的假期。

我第一次教软件工程是与 Daniel Jackson 一起，这门课程使用 Java 作为编程语言。Daniel 对编程语言和软件工程的看法对我影响深远。我们在 JavaScript 加速器研讨会的合作中，为了更好地讲解基本的编程概念，出了一些谜题，例如通过不同的方式计算邮费。

我第一次教授计算机科学与编程导论是与 John Guttag 一起，这门课程主要面向非计算机科学专业的学生。John 的教学富有热情、非常有感染力，让我也喜欢上了使用 Python 教授编程导论。在本书中，我借鉴了不止一道他在教学中使用过的例题，例如通过二分搜索求平方根。

本书使用的一些谜题源于我与 Adam Chlipala 和 Ilia Lebedev 在 2015 年到 2016 年间合作开发的一门课程——编程基础（Fundamentals of Programming）。在课程的课件与作业中，大家贡献了从作为草稿的演示代码到“生产级别”的可用代码。尤其感谢 Zhang Yuqing、Rotem Hemo 和 Jenny Ramseyer，他们分别编写了谜题 11“请铺满庭院”、谜题 15“统计零钱的组合方式”和谜题 21“问题有价”的代码。大约有 400 名学生选修了 2017 年春季的编程基础课程，与 Duane Boning、Adam Hartz 和 Chris Terman 一起教这门课是一段非常愉快的经历。

谜题 3“拥有（需要一点校准的）读心术”曾是计算机科学的数学（Mathematics for Computer Science）这门课的经典题目，我并不清楚它来自谁的发明，但感谢 Nancy Lynch 向我推荐了这道题目，并且感谢她在我为 15 年前的第一堂课伤神不已时扮演了“魔术助手”。这道谜题的描述来自三位讲师 Eric Lehman、Tom Leighton 和 Albert Meyer 的课堂笔记。

Kaveri Nadhamuni 也在谜题 6“寻找假币”、谜题 8“猜猜谁不来吃晚餐”、谜题 9“美国达人秀”和谜题 16“贪心是好事”上给了我帮助。Eleanor Boyd 在“代码女孩计划”中测试了“寻找假币”这道谜题，并给出了很有价值的反馈。

Ron Rivest 对本书中的许多谜题提出了优化和总结，这些谜题包括谜题 1“保持一致”、谜题 2“参加派对的最佳时间”、谜题 5“请打碎水晶”、谜题 8“猜猜谁不来吃晚餐”、谜题 17“字母也疯狂”和谜题 18“充分利用记忆”。

Billy Moses 仔细阅读了本书，并给出了许多建议。

与同事 Costis Daskalakis、Erik Demaine、Manolis Kellis、Charles Leiserson、Nancy Lynch、Vinod Vai kuntanathan、Piotr Indyk、Ron Rivest 和 Ronitt Rubinfeld 一起教授算法导论（Introduction to Algorithms）、算法设计与分析（Design and Analysis of Algorithms）这两门课程的经历，使我的算法能力得到了提高。与同事 Saman Amarasinghe、Adam Chlipala、Daniel Jackson、John Guttag 和 Martin Rinard 一起教授软件课程的经历，增强了我对软件工程和编程语言的了解。感谢能与这些优秀的同事共事。

感谢 Victor Costan 和 Staphany Park 为编程基础（Fundamentals of Programming）与算法导论（Introduction to Algorithms）这两门课开发的课程打分系统，这套系统非常美妙，使我能将更多时间投入课程的内容本身。

MIT 出版社将本书的早期版本寄给了 3 位匿名的审校者。感谢他们仔细阅读书稿，并为改进本书提出了大量绝佳的建议。当然，也感谢他们的出版提议。希望他们读到本书时，能为我对他们有价值反馈的重视而感到高兴。

MIT 一直都鼓励教师在学科建设之外，也要重视实验室管理和领导力。我要感谢 Duane Boning、Anantha Chandrakasan、Agnes Chow、Bill Freeman、Denny Freeman、Eric Grimson、John Guttag、Harry Lee、Barbara Liskov、Silvio Micali、Rob Miller、Daniela Rus、Chris Terman、George Verghese 和 Victor Zue 在这些年里对我的支持。

Marie Lufkin Lee、Christine Savage、Brian Buckley 和 Mikala Guyton 为本书的审校、编辑、出版劳力颇多，感谢他们的工作。

我的太太 Lochan 给本书起了名字，我的女儿 Sheela 和 Lalita 是本书的首批“买家”，也帮助了本书的塑造。谨以本书献给她们 3 个人。

资源与支持

本书由异步社区出品，社区（https://www.epubit.com/）为您提供相关资源和后续服务。

配套资源

本书提供源代码下载，要获得此配套资源，请在异步社区本书页面中点击 配套资源 ，跳转到下载界面，按提示进行操作即可。注意：为保证购书读者的权益，该操作会给出相关提示，要求输入提取码进行验证。

提交勘误

作者和编辑尽最大努力来确保书中内容的准确性，但难免会存在疏漏。欢迎您将发现的问题反馈给我们，帮助我们提升图书的质量。

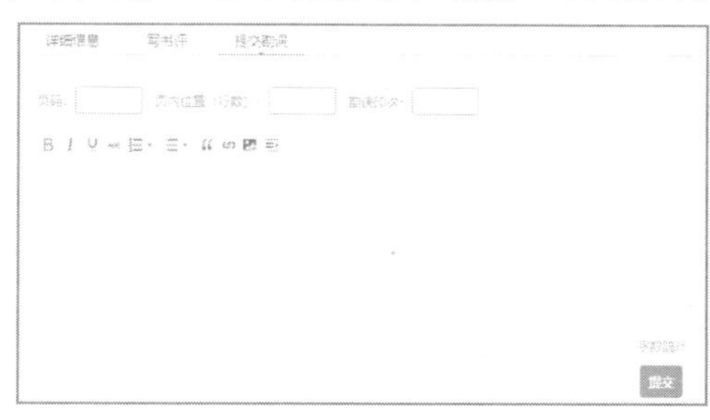

当您发现错误时，请登录异步社区，按书名搜索，进入本书页面，点击“提交勘误”，输入勘误信息，点击“提交”按钮即可。本书的作者和编辑会对您提交的勘误进行审核，确认并接受后，您将获赠异步社区的100积分。积分可用于在异步社区兑换优惠券、样书或奖品。

扫码关注本书

扫描下方二维码，您将会在异步社区微信服务号中看到本书信息及相关的服务提示。

与我们联系

我们的联系邮箱是 contact@epubit.com.cn。

如果您对本书有任何疑问或建议，请您发邮件给我们，并请在邮件标题中注明本书书名，以便我们更高效地做出反馈。

如果您有兴趣出版图书、录制教学视频，或者参与图书翻译、技术审校等工作，可以发邮件给我们；有意出版图书的作者也可以到异步社区在线提交投稿（直接访问 www.epubit.com/selfpublish/submission 即可）。

如果您是学校、培训机构或企业，想批量购买本书或异步社区出版的其他图书，也可以发邮件给我们。

如果您在网上发现有针对异步社区出品图书的各种形式的盗版行为，包括对图书全部或部分内容的非授权传播，请您将怀疑有侵权行为的链接发邮件给我们。您的这一举动是对作者权益的保护，也是我们持续为您提供有价值的内容的动力之源。

关于异步社区和异步图书

“异步社区”是人民邮电出版社旗下 IT 专业图书社区，致力于出版精品 IT 技术图书和相关学习产品，为作译者提供优质出版服务。异步社区创办于 2015 年 8 月，提供大量精品 IT 技术图书和电子书，以及高品质技术文章和视频课程。更多详情请访问异步社区官网 https://www.epubit.com。

“异步图书”是由异步社区编辑团队策划出版的精品 IT 专业图书的品牌，依托于人民邮电出版社近 30 年的计算机图书出版积累和专业编辑团队，相关图书在封面上印有异步图书的 LOGO。异步图书的出版领域包括软件开发、大数据、AI、测试、前端、网络技术等。

异步社区

微信服务号

目 录

谜题 *1*

保持一致

本谜题涵盖的编程结构和算法范型：列表、元组、函数、控制流程（包含 **if** 语句和 **for** 循环）和 **print** 语句。

假设有一大群人排队等待观看棒球比赛。他们都是主场球迷，每个人都戴着队帽。但不是所有人都用同一种戴法，有些人正着戴，有些人反着戴。

人们对正戴和反戴的定义各不相同，但你认为图 1-1 中左边的帽子是正戴的，右边的帽子是反戴的。

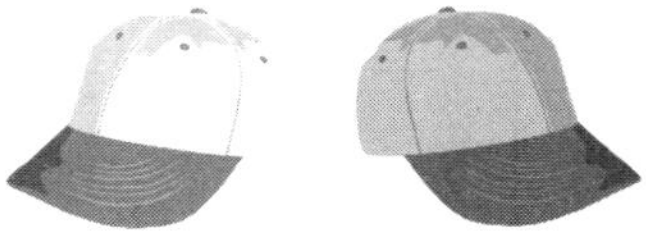

图 1-1

假定你是门卫，只能在全组球迷帽子戴法一致时才能让他们进入球场，要么全部正着戴，要么全部反着戴。因为每个人对帽子正反的理解不同，所以不能对他们说把帽子正着戴或反着戴。只能告诉他们转一下帽子。好消息是，球迷每个人都知道自己在队伍中的位置，第一个人的位置是 0，最后一个人的位置是 $n-1$。这可以像下面这样表述。

位置 i 的人请转一下帽子。
位置 i 到 j（包含 j）的人请转一下帽子。

不过你想要尽量减少喊出要求的次数。举个例子，如图 1-2 所示。

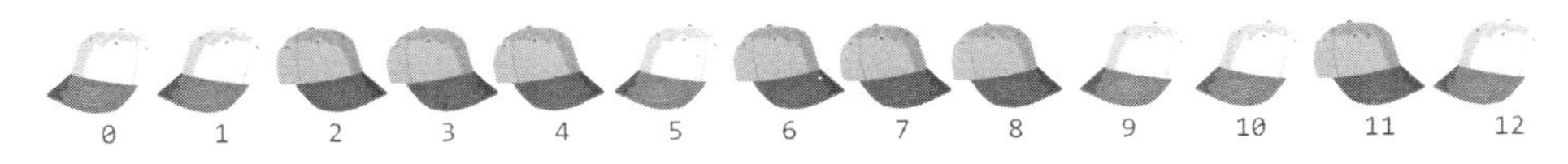

图 1-2

这是一个有 13 个人的队伍，位置从 0 到 12。因为有 6 个人的帽子是正戴的，应该喊出 6 次命令。例如：

位置 0 的人请转一下帽子。

并对位置 1、5、9、10 和 12 的人重复相同的命令。采用第二种方式的命令可以减少说话次数，只需要喊出下面 4 次命令，就会让所有人的帽子都反戴。

位置 0 到 1 的人请转一下帽子。
位置 5 的人请转一下帽子。
位置 9 到 10 的人请转一下帽子。
位置 12 的人请转一下帽子。

但对这个例子而言，还能做得更好一些。如果喊出以下命令，会让所有人的帽子都变成正戴。

位置 2 到 4 的人请转一下帽子。
位置 6 到 8 的人请转一下帽子。
位置 11 的人请转一下帽子。

怎样才能让生成的命令数最少呢？难度更大的问题是，能否第一次沿着队伍走一遍就想出生成命令的方案？

在继续往下阅读以前，请思考一下上述问题。

1.1　寻找想法相同的连续人员

假定有了对应于一组排队等待人员的帽子方向列表。可以计算出一个“区间”（interval）的列表，对应于各段戴帽方式相同的连续人群。区间可以用开始和结束位置来表示，如$[a, b]$（$a \leq b$），这表示 a 和 b 之间所有位置的区间，包括 a 和 b 在内。

每个区间都标上是正戴区间还是反戴区间。所以一个区间有 3 个属性，即开始位置值、结束位置值、标明正戴或反戴的标记。

如何计算出区间的列表呢？有一个关键点就是，当看到帽子方向发生变化时，就是一个区间的结束和另一个区间的开始。当然，第一个区间的起始位置是 0。下面再给出一次例子，如图 1-3 所示。

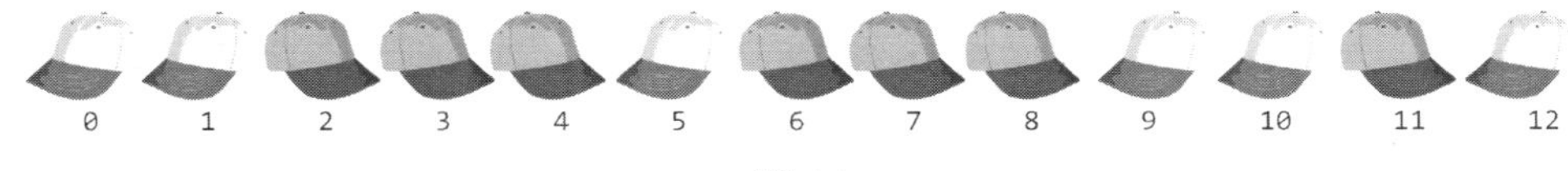

图 1-3

这里位置 0 是正戴的。沿着列表遍历下去，位置 1 同样也是正戴的。但是位置 2 是反戴的，此时方向发生了反转。这意味着第一个区间已在前一个帽子处结束了。第一个区间是[0, 1]，方向是正戴的。不仅如此，这里还已确定第二个区间的开始位置为 2。现在的状态与刚开始时完全相同，即已知当前区间的开始位置，需要找出其结束位置。

按这种方式继续下去，将会得到[0, 1]正戴，[2, 4]反戴，[5, 5]正戴，[6, 8]反戴，[9, 10]正戴，[11, 11]反戴，[12, 12]正戴。最后一个区间不是因为方向发生变化才结束的，而是因为后面没有人了。在代码中正确处理这种情况将是很重要的，这一点请留意！

本谜题的第一个算法会统计正戴区间和反戴区间的数量，然后根据哪一组区间数更少而选出其方向来反转帽子。上述例子中有 4 组正戴区间和 3 组反戴区间，所以应该要求 3 个反戴区间的人反转帽子。

在最坏的情况下，人们的帽子方向是正反交替的。假定有 n 个人，若 n 是偶数，则会有 $n/2$ 个正戴区间和 $n/2$ 个反戴区间。最坏情况下必须喊出 $n/2$ 次命令。如果 n 是奇数，则正戴区间会比反戴区间多一个，或者反之。

通过将帽子方向相同的相邻人员归入一个区间中，该算法将他们归并在一起。区间确定之后，情况就与以上人员交替排列时完全相同了，将会有 m 个正戴区间散布在 m、$m-1$ 或 $m+1$ 个反戴区间之中。这里最多也就是选出生成命令较少的帽子方向。这个算法只能如此了。

1.2 字符串、列表和元组

在本书中，我们可以看到字符串、列表、元组、集合和字典，这些都是 Python 提供的数据结构。下面简单介绍这些数据结构可以用来做哪些操作。

字符表示单个符号，如`'a'`和`'A'`。字符串是字符的序列，如`'Alice'`，也可以是`'B'`这种单个字符。字符串可以表示为单引号形式或者双引号形式，如`"A"`和`"Alice"`。你可以访问字符串中的单个字符，例如 `s = "Alice"`，`s[0]`可得`'A'`，且`s[len(s)- 1] = 'e'`。内置函数 **len** 能够返回参数字符串（或者列表）的长度，如 `len(s)`

返回 5。字符串不能修改，如赋值语句 s[0] = 'B'会导致错误。但是可以通过操作旧的字符串创建新的字符串。例如，给定 s = 'Alice'，可以通过 s = s + 'A'创建出一个由 s 引用的新字符串'AliceA'。

Python 中的列表（list）可以理解为元素的序列或数组，它们可以包含数字、字符串或者其他列表。例如，设 L = [1, 2, 'A', [3, 4]]，则 L[0]得 1，L[**len**(L) - 1]得[3, 4]，L[3][0]返回 3。列表可以修改，若执行 L[3][1] = 5 会将 L 变为 [1, 2, 'A', [3, 5]]。

元组和列表类似，但是不可修改。给定 T = (1, 2, 'A', [3, 4])，则 T[3] = [3, 5]会导致崩溃，但执行 T[3][0] = 4 能改变 T 中列表的元素而使 T = (1, 2, 'A', [4, 4])。如果写成 T = (1, 2, 'A', (3, 4))，则 T[3][0] = 4 会导致崩溃。

在后面的代码示例中，可以看到更多对字符串、列表和元组操作的应用。关于集合与字典，本书会在后面需要用到这类更高级的数据结构时再予以描述。

1.3 从算法到代码

现在我们已准备就绪，可以展示第一种策略的代码。我们将代码分为两部分，在每段代码片段之后立刻解释这段代码的含义。在本书中显示的所有代码中，Python 关键字或保留字都会以粗体显示，不要在编写的代码中使用这些单词作为变量或函数名称。

```
1.     cap1 = ['F','F','B','B','B','F','B',
               'B','B','F','F','B','F' ]
2.     cap2 = ['F','F','B','B','B','F','B',
               'B','B','F','F','F','F' ]
```

第 1～2 行简单地列出输入列表。列表 cap1 对应前面漂亮的帽子图片中的示例。该列表是一个字符串的列表，其中每个字符串代表戴帽子的方向：向前戴为'F'，向后戴为'B'。Python 允许跨行声明一个列表，通过闭合的[]表示列表的开始和结束位置。

```
3.     def pleaseConform(caps):
4.         start = forward = backward = 0
5.         intervals = []
6.         for i in range(1, len(caps)):
7.             if caps[start] != caps[i]:
8.                 intervals.append((start, i - 1, caps[start]))
9.                 if caps[start] == 'F':
```

```
10.                     forward += 1
11.                 else:
12.                     backward += 1
13.                 start = i
14.         intervals.append((start, len(caps) - 1, caps[start]))
15.         if caps[start] == 'F':
16.             forward += 1
17.         else:
18.             backward += 1
19.         if forward < backward:
20.             flip = 'F'
21.         else:
22.             flip = 'B'
23.         for t in intervals:
24.             if t[2] == flip:
25.                 print ('People in positions', t[0],
                           'through', t[1], 'flip your caps!')
```

第 3 行代码为函数命名并列出函数的参数。**def** 关键字用于定义函数，括在括号中的多个量是函数参数。该函数只取输入的列表作为函数参数，可以使用包括 cap1 和 cap2 在内的任何列表来调用它。作为示例，我们稍后将展示执行 pleaseConform (cap1) 的结果。该函数假定输入参数是由字符串'F'和'B'组成的列表，列表的长度任意，但是不能为空。

第 4～5 行初始化算法中用到的变量。每个区间皆表示为一个三元组，其中前两个元素是数字，第三个元素是字符串标签'F'或者'B'。前两个数字给定了区间的端点，区间的两端都是闭合的，即区间包含两个端点。如前所述，元组和列表类似，但是与列表不同：元组一旦创建就不能修改。我们可以很容易在第 8 行换用：

```
intervals.append([start, i - 1, caps[start]])
```

即用[]而非()括起 3 个变量，程序的执行不受影响。变量 intervals 表示区间元组的列表，初始化为空列表[]。变量 forward 和 backward 分别记录正戴区间和反戴区间的个数，都初始化为 0。

第 6～13 行代码从 **for** 循环开始计算区间。**len**(cap1)会返回 13。注意 caps 列表中的元素编号从 0 到 12，如 caps[0] = 'F'、caps[12] = 'F'（而访问 caps[13] 将会产生错误）。**range** 关键字可以取 1 个、2 个或者 3 个参数。如果使用 **range**(**len**(caps))，那么变量 i 将会从 0 持续递增到 **len**(caps) - 1 为止。在第 6 行可见 **range**(1, **len**(caps))，意思是变量 i 会从 1 迭代到 **len**(caps) - 1，每次

递增 1，这种写法和 **range**(1, **len**(caps), 1)效果相同。如果写成 **range**(1, **len**(caps), 2)，那么每次迭代将使 i 递增 2。

变量 start 对于区间的确定至关重要。最初 start 值为 0，我们遍历所有的 caps[i]，直至发现与 caps[start]不同的 caps[i]为止。这项检查由第 7 行中的 **if** 语句完成。如果 **if** 语句判断 caps[start] != caps[i]为 **True**，那么将在 i 处结束区间，并开启另一个新区间。这个区间以 start 开始，以 i-1 结束。一旦区间确定，这个区间就会以三元组的形式附加到 intervals 列表中，其中第一个元素是区间的起始位置，第二个元素是区间的结束位置，第三个元素是区间的类型（'F'或者'B'）。第 9～12 行递增相应正戴或者反戴区间的数量。第 13 行将 start 设置为 i，因为我们要开启一段以 i 开始的新区间。

注意，缩进表明，第 14 行位于 **for** 循环之外。一旦 **for** 循环执行结束，你可能认为已经计算出了所有的区间。然而这是不正确的！最后一段区间尚未添加到 intervals 列表中。这是因为，只有我们意识到区间结束才会进行添加。当发现 caps 列表中的元素与 caps[start]不同时就会添加。但是，这一点对最后一段区间不成立！例如，将 cap1 作为输入，当 i = 12 时，我们会看到'F'且 start = 11，然后退出循环。类似地，对于 cap2，当 i = 12 时，我们会看到'F'且 start = 9，然后退出循环。因此必须在循环外添加最后的区间，我们在第 14～18 行中按与之前一样的方式进行这一操作。

第 19～22 行用于确定翻转正戴区间还是翻转反戴区间，按其中较小的集合为准。然后在第 23～25 行中循环区间列表。该 **for** 循环迭代 intervals 列表中的每个区间 t，打印出所选区间类型对应的命令，区间类型为正戴或者反戴。每个 t 是一个描述每段区间信息的三元组，可用于有选择地打印并为每条命令生成开始位置和结束位置。对于元组 t，t[0]指代开始，t[1]指代结束，t[2]指代类型。如果为 t[0]、t[1]或 t[2]设置任何值，会使程序崩溃，因为元组不可写入。若不希望无意中修改列表中元素的值，最好使用元组而不是列表。

第 25 行的 **print** 语句打印出指令。**print** 语句能够打印出穿插着变量值的字符串。要打印的字符串和变量必须包含在()中[①]。请注意，为了良好的可读性，我们将 **print** 语句拆分为了两行，Python 仍能够正确地解析 **print** 语句，因为它的参数都包含在()内。

---

① 在 Python 3.x 中，无论 **print** 语句是否分跨两行，()都是必需的；而在 Python 2.x 中，()只在 **print** 语句分跨两行或多行时才是必需的。

1.4　代码优化

每一个大型程序中，都有一个试图逃离掌控的小程序。

—— Tony Hoare

25 行代码并非大型程序，但是编程算法谜题的美妙之处就在于，优化代码通常能够起到缩短代码的作用。较短的程序通常更高效且错误更少，当然，这并非一条严格的定律。

我们已有一种与列表末尾相关的特殊情况，在第 14～18 行中添加了最后一个区间。这是因为只有遇到与 `caps[start]`不同的元素时才添加区间。为了避免这种特殊情况，我们要做的只是在第 5 行和第 6 行之间引入一句声明，也就是：

```
5a.    caps = caps + ['END']
```

并简单地删除第 14～18 行代码。上面的语句在 `caps` 列表中添加了一项与其他元素都不相同的元素。运算符 + 可以用于连接两个列表，生成连接后的新列表。这就是为什么我们需要在`'END'`两边括上`[]`：因为运算符 + 只能操作两个列表、两个字符串或者两个数字，不能操作一个列表和一个字符串，或者一个字符串和一个数字。添加一个元素意味着我们的循环会增加一轮迭代，在最后一轮迭代中，无论 `caps[start]`是`'F'`还是`'B'`，`caps[start]!= caps[i]`的结果都为真，这样最后一段区间就会被添加到列表中去。

最后，这一优化还有一个很好的副产品，即优化后的程序不再像原始程序那样在输入空列表时发生崩溃。

1.5　列表创建与修改

我们可以在第 5a 行通过 `caps.append('END')`将新的字符串元素添加到列表 `caps` 中。但是这样做会修改参数列表 `caps`，有时候这是我们应当避免的做法。假设运行下面两段不同的程序：

```
1.    def listConcatenate(caps):
2.        caps = caps + ['END']
3.        print(caps)

4.    capA = ['F','F','B']
```

```
5.    listConcatenate(capA)
6.    print(capA)
```

和

```
1.    def listAppend(caps):
2.        caps.append('END')
3.        print(caps)

4.    capA = ['F','F','B']
5.    listAppend(capA)
6.    print(capA)
```

第一段程序会先打印['F','F','B','END']，然后打印['F','F','B']。第二段程序会打印 ['F','F','B','END']两次。在第一段程序中，通过列表连接运算符 + 创建了一个新的列表，但是第二段程序中的 append 修改了现有列表。因此，在使用 append 的情况下，过程调用外的 capA 变量已经被修改。

1.6 作用域

如果将 capA 替换为 caps，两段程序的行为将完全一样。我们看一下第一段程序中将 capA 替换为 caps 的情况。

```
1.    def listConcatenate(caps):
2.        caps = caps + ['END']
3.        print(caps)

4.    caps = ['F','F','B']
5.    listConcatenate(caps)
6.    print(caps)
```

这个程序会先打印['F','F','B','END']，然后打印['F','F','B']。在过程 listConcatenate 之外的变量 caps 和函数内的参数 caps 的作用域不同。参数 caps 会指向一个新的列表，执行列表连接之后['F','F','B','END']会位于不同的内存，因为列表连接创建了这段新的内存，并将列表的元素复制到其中。过程执行完毕后，参数 caps 和新的列表消失，不能再被访问。过程之外的变量 caps 仍然指向原始内存位置的列表['F','F','B']，此位置的列表未被修改。

现在看一下使用 append 的情况。

```
1.    def listAppend(caps):
2.        caps.append('END')
3.        print(caps)

4.    caps = ['F','F','B']
5.    listAppend(caps)
6.    print(caps)
```

作用域的规则也同样适用于这里。参数 caps 最初指向单个列表['F', 'F', 'B']，append 将此列表修改为['F', 'F', 'B', 'END']。因此，即使在过程执行完毕且参数变量 caps 消失之后，内存位置也已经使用附加的元素'END'进行了修改。我们即使在过程之外也能看到这种效果，因为过程之外的变量 caps 和过程内的变量 caps 指向相同的内存地址。

如果这段描述令你感到头疼，请为参数变量和外部传递给过程调用的变量采用不同的命名。

1.7 算法优化

现在看一个更难的问题：怎样在沿队伍走第一遍时，便能确认出最小数量的命令集。

这里有一个提示：正戴区间与反戴区间的数量最多相差 1。观察第一个人的具体方向，若正戴，则正戴区间的数量将永远不会小于反戴区间的数量。类似地，如果第一个人是反戴的，那么反戴区间的数量将永远不会小于正戴区间的数量。

我们第一个算法为两次遍历，因为它首先通过遍历列表来确定正戴区间和反戴区间（第一遍），然后遍历区间以打印出适当的命令（第二遍）。

你能想到一个算法，可以单次遍历列表来生成最小数量的命令集吗？你的算法应使用单个循环实现。

1.8 单遍算法

通过列表中第一只帽子的方向，可以得出是正戴区间还是反戴区间对应最小数量的命令集。我们基于这一观察，能够实现一个单遍（one-pass）算法，代码如下：

```
1.    def pleaseConformOnepass(caps):
2.        caps = caps + [caps[0]]
3.        for i in range(1, len(caps)):
4.            if caps[i] != caps[i - 1]:
5.                if caps[i] != caps[0]:
6.                    print('People in positions', i, end = '')
7.                else:
8.                    print(' through', i - 1, ' flip your caps!')
```

代码第 2 行向列表追加了一个元素，但它添加的并非最后一个元素，而与第一个元素相同。在循环迭代期间，当第一次遇到和第一个元素不同的元素时（第 4 行），我们开启一段新区间。这意味着我们实际上会跳过第一段区间。这样做是可行的，因为根据观察，第一段区间对应的方向并非唯一最适于作为生成命令的方向——它至多可用于根据所需要的指令数确定相反方向。当遇到与第一个元素相同的元素时（第 7 行），结束该区间。代码在构造区间的同时打印出指令。在列表的尾部添加额外的元素，使之与首个元素相等（第 2 行），能确保当原始列表的最后一个元素与 caps[0] 不同时，打印出最后一个区间。

这段代码的缺点是它不像原始代码那样易于修改，较难在此基础上修改用于解决本谜题末尾的习题。这段代码也还需要改进，以避免在输入空列表时崩溃。

1.9 应用

这道谜题背后的出发点是压缩。向同一方向的人发出的命令信息是相同的，可以被压缩为一组较少的命令，其中每条命令指挥一组连续的人。

数据压缩是非常重要的应用程序，并且伴随着因特网上产生的大量数据而变得更加重要。无损的数据压缩有多种实现方式，在思路上接近这道谜题的一种算法叫作游程编码（run-length encoding）。举一个简单的例子最容易描述，假设有一个字母构成的字符串，包含 32 个字符：

```
WWWWWWWWWWWWWBBWWWWWWWWWWWWBBBBB
```

使用一种简单的算法，我们可以将其压缩为一个由字母和数字构成的字符串，包含 10 个字符：

```
13W2B12W5B
```

在上面的字符串中，每个字母字符前缀有一个数字，用于表示该字符在原始字符串中连续出现的次数。原始字符串中首先有 13 个 W，然后是 2 个 B，然后是 12 个 W，最后是 5 个 B，我们在压缩后的字符串中直接展示了这部分信息。

游程解码是指将 13W2B12W5B 解压为原始字符串的过程。

虽然在第一个例子中压缩效果显著，但是假设有像下面这样的一个字符串：

```
WBWBWBWBWB
```

我们的游程编码方案将天真地产生一个更长的字符串，如下：

```
1W1B1W1B1W1B1W1B1W1B
```

而更智能的算法可能会生成像下面这样的内容：

```
5(WB)
```

() 可以理解为将重复序列括起。现代计算机中可用的压缩工具，便是利用了与这种思路相关的算法。

1.10 习题

习题 1 执行 pleaseConform(cap1) 所打印的结果有点儿令人烦恼：

```
People in positions 2 through 4 flip your caps!
People in positions 6 through 8 flip your caps!
People in positions 11 through 11 flip your caps!
```

最后一条命令应该打印如下：

```
Person at position 11 flip your cap!
```

修改代码使命令听起来更自然一些。

习题 2 修改 pleaseConformOnepass，如习题 1 那样打印更自然一些的命令，并确保程序在输入是空列表时不会崩溃。

提示：你需要记住区间的起始位置（而不是在第 6 行打印）。

难题 3 假设在队伍中存在没戴帽子的人。我们用字符'H'代表他们。例如，有这样一组数据：

```
cap3 = ['F','F','B','H','B','F','B',
        'B','B','F','H','F','F']
```

我们不想指示没戴帽子的人去转动不存在的帽子，这令人困惑，可能会导致有人试图从队伍前面的人那里偷帽子。因此我们希望跳过所有'H'位置。修改 pleaseConform，使它生成正确并且最小数量的命令集合。对于上面的例子，它应当生成：

```
Person in position 2 flip your cap!
Person in position 4 flip your cap!
People in positions 6 through 8 flip your caps!
```

习题 4　写一段程序实现简单的游程编码，将给定字符串（如 BWWWWWBWWWW）转换为较短的字符串（1B5W1B4W），并且执行游程解码，将压缩过的字符串转换回原始字符串。你只能通过一次字符串遍历来执行压缩和解压缩过程。

str 函数能将数字转换成字符串，例如 str(12) = '12'。它在编码步骤中会很有用。

int 函数能将字符串转换成数字，例如：int('12') = 12。对于任意字符串 s，如果字符 s[i]是字母字符，则 s[i].isalpha()将返回 **True**，否则返回 **False**。如果 s 中所有的字符都是字母字符，则 s.isalpha()返回 **True**，否则返回 **False**。函数 int 和 isalpha 在解码步骤中会很有用。

谜题 2

参加派对的最佳时间

本谜题涵盖的程序结构和算法范型：元组、元组列表、嵌套 `for` 循环和浮点数、列表切片、排序。

你在办公室抽奖中赢得了一张奖票，去参加一场名人庆祝派对。由于门票的需求量很高，你只能待一个小时，但是由于拥有一张特等票，因此你可以选择在哪个小时出席。你有一张时间表，上面准确地列有每位名人出席派对的时间，你希望与尽可能多的名人合影来提高你的社会地位。这意味着你需要在特定的某个时段出席派对，这样你可以和最多的名人交谈，并获得与他们每个人的自拍。

我们得到一组区间的列表，对应于每位名人出席、离开的时间。假设区间是$[i, j]$，其中 i 和 j 对应小时，区间为左闭右开区间。这意味着名人会在 i 点出席派对，但在 j 点开始时离开。因此即使你第 j 点准点到达，也会错过这位名人。

表 2-1 给出的是一个例子。

表 2-1

名　人	出席时间	离开时间
Beyoncé	6 点	7 点
Taylor	7 点	9 点
Brad	10 点	11 点
Katy	10 点	12 点
Tom	8 点	10 点
Drake	9 点	11 点
Alicia	6 点	8 点

参加派对的最佳时间是几点？或者说，你应在哪个时间参加派对？

通过查看每个小时并计算名人的数量，你可能发现如果在 10 点到 11 点之间参加，将得到与 Brad、Katy 和 Drake 的自拍。没有比得到 3 张自拍更好的了。

2.1 反复检查时间

这段简单的算法查看每一小时，检查每一小时内有几位名人在场。一位在区间 $[i, j)$ 内在场的名人，会在 $i, i+1, \cdots, j-1$ 点内在场。算法简单计算每个小时内名人的数量，并选出最大值。

下面是算法的代码：

```
1.     sched = [(6, 8), (6, 12), (6, 7), (7, 8),
                (7, 10), (8, 9), (8, 10), (9, 12),
                (9, 10), (10, 11), (10, 12), (11, 12)]

2.     def bestTimeToParty(schedule):
3.         start = schedule[0][0]
4.         end = schedule[0][1]
5.         for c in schedule:
6.             start = min(c[0], start)
7.             end = max(c[1], end)
8.         count = celebrityDensity(schedule, start, end)
9.         maxcount = 0
10.        for i in range(start, end + 1):
11.            if count[i] > maxcount:
12.                maxcount = count[i]
13.                time = i
14.        print ('Best time to attend the party is at',
                  time, 'o\'clock', ':', maxcount,
                  'celebrities will be attending!')
```

算法的输入是一个时间表，也就是一组区间的列表。每段区间是一个二元组，其中的两个元素都是数字。第一个元素是开始时间，第二个元素是结束时间。该算法不能修改这些区间，因此用元组来表示。

第 3～7 行代码确定名人出席派对的最早时间与最晚时间。代码第 3 行和第 4 行假定 `schedule` 中至少有一个元组，用该元组初始化变量 `start` 和 `end`。我们希望变量 `start` 表示每位名人最早开始时间，变量 `end` 表示每位名人的最晚结束时间。`schedule[0]`给出 `schedule` 的第一个元组。访问这个元组的两个元素的方式和访问列表中的元素完全相同。由于 `schedule[0]`为元组，我们需要另外一个`[0]`用于访问元组的第一个元素（第 3 行代码），[1]用于访问元组的第二个元素（第 4 行代码）。

在 **for** 循环中会遍历列表中的所有元组，将其中的每个元组命名为 c。注意，如果我们将 c[0]修改为 10（例如），程序会抛出错误，因为 c 是元组。另一方面，如果声明 sched = [[6, 8], [6, 12], ...]，我们便可以将 6 改为 10（例如），因为 sched 中的每个元素都是列表。

第 8 行代码调用一个函数，填充列表 count，用于表示 start 和 end 时间范围内每一小时内在场的名人数量。

第 9～13 行代码用于找出最大的名人数量出席的时段，循环 start 到 end 时间范围内的各个小时，通过变量 maxcount 跟踪最大的名人数量。这些代码可以替换为：

```
 9a.  maxcount = max(count[start:end + 1])
10a.  time = count.index(maxcount)
```

Python 提供了一个函数 **max** 可用于查找列表中的最大元素。此外，我们可以使用切片（slice）来选取列表中一段特定连续范围内的元素。在第 9a 行中，我们找到索引 start 和 end 之间（包含 end）的最大元素。如果有 b = a[0:3]，意思是将 a 的前 3 个元素（即 a[0]、a[1]、a[2]）复制到列表 b 中，其长度为 3。第 10a 行确定最大元素的索引。

下面是算法的核心内容，实现在函数 celebrityDensity 中：

```
1.    def celebrityDensity(sched, start, end):
2.        count = [0] * (end + 1)
3.        for i in range(start, end + 1):
4.            count[i] = 0
5.            for c in sched:
6.                if c[0] <= i and c[1] > i:
7.                    count[i] += 1
8.        return count
```

这一函数包含一个嵌套循环。外层循环从 **range** 的第一个参数 start 指定的时间开始，遍历不同的时间，每次迭代后将时间 i 递增 1。内层循环（第 5～7 行）遍历所有的名人，第 6 行代码检查当前名人当前时间是否在场。如前所述，时间必须要大于等于名人的开始时间且小于结束时间。

如果运行语句

```
bestTimeToParty(sched)
```

代码将打印

```
Best time to attend the party is at 9 o'clock : 5 celebrities
will be attending!
```

这一算法看起来似乎很合理，但是有一点不能令人满意。时间单位是什么？在我们的例子中，可以假设 6 代表下午 6 点，11 代表下午 11 点，12 代表上午 12 点，这意味着时间的单位是 1 小时。但是如果名人像他们习惯的那样，在任意时间来去将会怎么样呢？例如，假设 Beyoncé在 6:31 到场并在 6:42 离开，Taylor 在 6:55 到场并在 7:14 离开。我们可以将时间单位设为 1 分钟而非 1 小时。这意味着在第 6 行循环中要执行 60 次检查。如果碧昂丝（Beyoncé）选择在 6:31:15 到场，我们就该要检查每一秒。名人到达和离开的时间单位也可能在毫秒级（好吧，即使是 Beyoncé，这也很难做到）！时间单位不得不做出选择，很烦人。

你能想出一个不需要依赖时间精度的算法吗？这一算法应该利用大量只与名人的数量相关而与他们的日程安排无关的操作。

2.2　聪明地检查时间

我们绘图表示所有名人的区间，以时间为横轴。图 2-1 是一种可能的名人日程表。

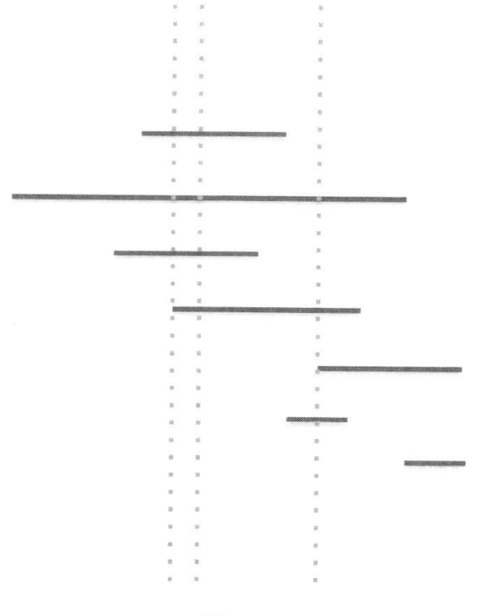

图 2-1

这张图片耐人回味——它告诉我们，如果在特定时间拿一把“标尺”（如图 2-1 中的虚线所示），就可以计量与标尺相交的名人时间区间个数，从而得知这时可以见面的名人数量。在前面的简单算法中，我们早已得知名人数量，也编写了相关代码。但是可以从图中额外观察到以下两点。

（1）我们只需要关心名人时间区间的起点和终点，因为只有这些时刻在场名人数量才会发生变化。没有必要计算第二条虚线时间在场的名人数量——它和第一条虚线完全相同，因为在第一条和第二条虚线或时间范围内，没有新的名人到达或者离开（回忆一下，第 4 位名人——从上往下数第 4 条线——在第一条虚线对应的时间便已到达派对现场了）。

（2）我们可以将标尺从左侧向右侧移动，通过增量计算找出名人数量最多的时间，这一点将在下面详述。

我们保存名人的计数，初始为零。每当看到名人时间区间的开始时间，便递增这个计数，每当看到名人时间区间的结束时间，便递减这个计数。我们同时也跟踪最大的名人数量。名人数量在名人时间区间的开始和结束时发生变化，而最大的名人数仅在名人时间区间的开始时间发生变化。

这里有一个关键点，我们必须随着时间的增加来执行这一计算，从而模拟标尺从左往右移动。这意味着必须对名人日程表的开始时间和结束时间进行排序。我们在上面的图片中，想首先看出第二位名人的开始时间，然后是第三位名人的开始时间，再是第一位名人的开始时间，依此类推。我们稍后会操心怎样对这些时间进行排序，但现在先来看看如下代码，这段代码会以更高效和优雅的方式来发现参加派对的最佳时间。

```
1.    sched2 = [(6.0, 8.0), (6.5, 12.0), (6.5, 7.0),
                (7.0, 8.0), (7.5, 10.0), (8.0, 9.0),
                (8.0, 10.0), (9.0, 12.0), (9.5, 10.0),
                (10.0, 11.0), (10.0, 12.0), (11.0, 12.0)]
2.    def bestTimeToPartySmart(schedule):
3.        times = []
4.        for c in schedule:
5.            times.append((c[0], 'start'))
6.            times.append((c[1], 'end'))
7.        sortList(times)
8.        maxcount, time = chooseTime(times)
9.        print ('Best time to attend the party is at',
                 time, 'o\'clock', ':', maxcount,
                 'celebrities will be attending!')
```

注意，schedule 和 sched2 是二元组的列表，如前所述，每个元组的第一个元素是开始时间，第二个元素是结束时间。但是在 sched2 中用浮点数而非在 schedule 中用整数来表示时间。6.0、8.0 等数字都是浮点数。在这道谜题中，我们仅比较这些数字，没有必要对它们执行其他算术操作。

另一方面，在第 3 行被初始化为空的列表 times 是二元组的列表，每个元组的第一个元素是时间，第二个元素是用来指示时间是开始时间还是结束时间的字符串标记。

第 3～6 行代码收集所有名人的开始时间和结束时间，每次都做这样的标记。列表未经排序，因为我们不能假定参数 schedule 曾按任何方式排过序。

第 7 行代码通过调用一个排序过程对列表进行排序，稍后我们会介绍这个排序过程。一旦列表经过排序，第 8 行代码会调用关键的过程 chooseTime，用以执行增量计算来确定各个时间段内名人的数量（密度）。

这段代码将会按与打印原始时间表 sched 相同的方式，打印出 sched2：

```
Best time to attend the party is at 9.5 o'clock : 5 celebrities
will be attending!
```

按时间进行排序怎么样？我们有一组区间列表，需要将其转换为按'start'和'end'进行标记的时间列表。接着按时间升序进行排序，并保留这些与时间关联的标签。下面是执行相关操作的代码：

```
1.    def sortList(tlist):
2.        for ind in range(len(tlist) - 1):
3.            iSm = ind
4.            for i in range(ind, len(tlist)):
5.                if tlist[iSm][0] > tlist[i][0]:
6.                    iSm = i
7.            tlist[ind], tlist[iSm] = tlist[iSm], tlist[ind]
```

这段代码是如何工作的？它对应于可能是最简单的排序算法——选择排序[①]。该算法找到最小的时间，并在外层 **for** 循环的第一次迭代之后（第 2～7 行），将其放在列表的起始位置。对最小值的搜索需要 **len**(tlist) - 1 次计算而非 **len**(tlist)次计算，因为我们在仅剩一个元素时不需要仍找寻最小值。

① 不一定是最高效的算法，但最容易编写与理解。在谜题 11 与谜题 13 中，我们将会见到更好的排序算法。

寻找最小元素需要遍历列表的所有元素，执行于内层 **for** 循环（第 4～6 行）。因为列表起始位置已经有元素存在，该元素需要保留在列表中的其他某位置，所以算法在第 7 行代码将两个元素交换。可将第 7 行代码理解为并行发生的两次赋值：`tlist[ind]`获取`tlist[iSm]`的旧值，`tlist[iSm]`获取`tlist[ind]`的旧值。

在外层 **for** 循环的第二轮迭代中，算法查看列表中的其余条目（不包含第一个条目），找出最小值，通过在迭代中将最小值与当前第二位的元素交换，将最小值作为第一个条目后的第二个条目放置。注意，第 4 行代码 **range** 有两个参数，确保在外层循环的每次迭代中，内层循环都以 `ind` 开始，这样可以确保索引小于 `ind` 的元素都保持在正确的位置。这一过程持续到列表中所有的元素完成排序为止。因为参数列表中每个元素都是一个二元组，我们必须在第 5 行的比较中使用二元组第一项的时间值，这便是我们在第 5 行中使用额外的`[0]`的原因。当然，我们是在对二元组进行排序，第 7 行代码交换的是二元组，`'start'`和`'end'`标签依然附着在原来的时间上。

一旦列表完成排序，过程 `chooseTime`（如下所示）会通过单次遍历列表确定最佳时间和该时间的名人数量。

```
1.    def chooseTime(times):
2.        rcount = 0
3.        maxcount = time = 0
4.        for t in times:
5.            if t[1] == 'start':
6.                rcount = rcount + 1
7.            elif t[1] == 'end':
8.                rcount = rcount - 1
9.            if rcount > maxcount:
10.               maxcount = rcount
11.               time = t[0]
12.       return maxcount, time
```

迭代次数是名人数量的两倍，因为列表 `times` 中有两个条目（每个都是二元组），分别对应每位名人的开始时间和结束时间。将该算法和前面双层嵌套循环的简单算法进行比较，简单的算法的迭代次数等于名人的数量乘以小时数（或者根据具体情况为分钟数或秒数）。

注意，参加派对的最佳时间往往和某些名人到达派对的开始时间相对应，这是由于 `rcount` 仅在这些开始时间递增，因而在这些时间之一达到峰值。我们将在习题 2 中利用这一观察结果。

2.3　有序的表示

为更有效地处理列表而对其进行排序，是一种基本的技巧。假设我们有两个单词列表，想要检查它们是否相等。假设每个列表都没有重复的单词，并且他们的长度相同，都有 n 个单词。明显的方法是获取列表 1 中的每个单词，检查是否存在于列表 2 中。最坏的情况下需要 n^2 次比较，因为每个单词在检查成功或者失败之前都需要比较 n 次。

更好的方法是按照字母顺序将两个列表中的单词排序。一旦它们经过排序，我们便可以简单地检查有序列表 1 中的第一个单词是否等于有序列表 2 中的第一个单词，有序列表 1 中的第二个单词是否等于有序列表 2 中的第二个单词，依次类推。这种方式只需要比较 n 次。

等等，你说，排序所需的操作次数是多少呢？选择排序过程在最坏的情况下不是需要 n^2 次比较吗？这里正在对两个列表做排序。请关注更好的排序算法，我们将在本书后面介绍在最坏情况下只需要 $n \log n$ 次比较的排序算法。对于较大的 n 值，$n \log n$ 会比 n^2 小得多，这使在比较相等性之前进行排序是非常值得的。

2.4　习题

习题 1　假设你是一位非常忙碌的名人，并不能自由选择参加派对的时间。对过程增加参数并修改，使它能够在给定的时间范围 `ystart` 和 `yend` 内，确定能见到最多多少位名人。与名人一样，你的时间区间为 [`ystart`, `yend`)，表示你会在任意满足 `ystart`≤`t`<`yend` 的时间 `t` 时在场。

习题 2　有另一种方法，可以不依赖时间精度来计算参加派对的最佳时间。我们依次选择每位名人的时间区间，并确定有多少其他名人的时间区间包含所选名人的开始时间。我们选择出某位名人，使他的开始时间被最大数量的其他名人时间区间所包含，并将他的开始时间作为参加派对的时间。编写代码实现该算法，并验证它的结果与基于排序算法的结果是否相同。

难题 3　假设每位名人都有一个权重，取决于你对这位名人的喜爱程度。可以在时间表中将其表示为一个三元组，如(6.0, 8.0, 3)。开始时间是 6.0，结束时间是 8.0，权重是 3。修改代码，找出最大化名人总权重的时间。例如，给定图 2-2，我们想要返回与右侧虚线对应的时间，即使当时只有两位名人。

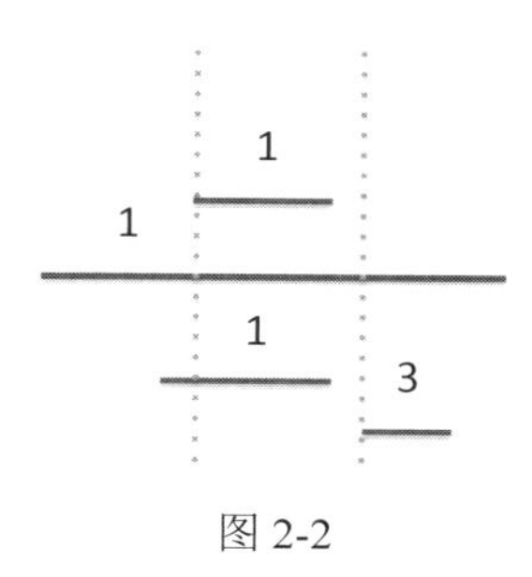

图 2-2

因为这两位名人对应的权重为 4，大于第一条虚线时在场的 3 位名人对应的权重 3。

下面是一个更复杂的例子：

```
sched3 = [(6.0, 8.0, 2), (6.5, 12.0, 1), (6.5, 7.0, 2),
          (7.0, 8.0, 2), (7.5, 10.0, 3), (8.0, 9.0, 2),
          (8.0, 10.0, 1), (9.0, 12.0, 2),
          (9.5, 10.0, 4), (10.0, 11.0, 2),
          (10.0, 12.0, 3), (11.0, 12.0, 7)]
```

根据名人的日程安排，你想要在 11 点参加派对，此时参加派对名人权重之和是 13，为最大值。

谜题 3

拥有（需要一点校准的）读心术

本谜题涵盖的程序结构和算法范型：读取来自用户的输入，用于条件分析的控制流程，以及信息编码与解码。

你是一位魔术师，拥有读心术这种超能力。你的助手走向观众，取出一套普通的 52 张扑克牌，而你在房间外，看不到里面的任何东西。5 位观众每人从中抽取一张扑克牌，助手收起这 5 张牌，向所有观众依次展示其中的 4 张。在展示这 4 张牌中的每张牌时，助手会要求观众集中精神在这张牌上，而你则望向别处，尽量感应所有观众集体的意念。几秒后，这几张牌会展示给你，这有助于校准你对这些观众的读心的能力。

看到这 4 张牌后，你宣布已经面向这些观众校准了自己的读心能力，随即离开房间。助手向观众展示出第 5 张牌后，把牌收了起来。同样，观众集中精神在这第 5 张牌上。你回到房间，聚精会神片刻，正确地指出秘密的第 5 张牌。

你与助手同谋合计并排练了这套把戏。然而，每个人都在密切关注这一切，助手给你的唯一信息只有这 4 张牌。

这套把戏是怎样得逞的？

原来，助手通过展示扑克牌的顺序，向魔术师传达了第 5 张牌是什么。助手需要选出需要隐藏的扑克牌——他/她不能允许观众从抽取的 5 张牌中选择隐藏牌。这是助手与魔术师之间的一种合作方式。

举一个实用的例子，假设观众选择了红心♥10、方块♦9、红心♥3、黑桃♠Q、方块♦J 这 5 张牌。

- 助手取出两种同花色的牌。在 4 种花色的条件下，给出 5 张牌，其中一定至少有两张同花色的牌。在这个例子里，助手也许选择了红心♥3 与红心♥10。[①]

❑ 助手在图 3-1 所示的牌的圆环中，找出这两张扑克牌值的位置。

取圆环内任意两个不同数值，彼此之间的顺时针距离一定在 1 跳到 6 跳之间。例如，从红心♥3 到红心♥10 的顺时针距离虽有 7 跳，但红心♥10 到红心♥3 的顺时针距离是 6 跳。

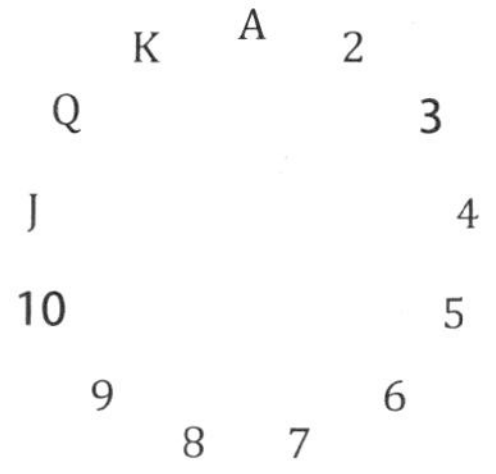

K　A　2
Q　3
J　4
10　5
9　6
8　7

图 3-1

❑ 这两张牌中的一张牌会作为展示的第一张牌，另一张作为秘密牌。从展示的牌出发，应能够在 6 跳顺时针距离内抵达另一张牌。所以，在我们的例子里，会选择展示出红心♥10，而将红心♥3 作为秘密牌，因为从红心♥10 到红心♥3 有 6 跳。（如果两张牌是红心♥4 与红心♥10，那么应展示红心♥4，因为红心♥4 顺时针距离红心♥10 有 6 跳。）

◆ 秘密牌的花色与第一张展示的牌相同。

◆ 秘密牌的值与第一张展示的牌的值之间的顺时针距离在 1 跳到 6 跳之间。

❑ 剩下的任务就是传达一个 1 到 6 之间的数字。魔术师与助手事先约定好整副牌按从小到大的顺序排列，如：

A♣ A♦ A♥ A♠ 2♣ 2♦ 2♥ 2♠ . . . Q♣ Q♦ Q♥ Q♠ K♣ K♦ K♥ K♠

按下面的规则排列剩余 3 张牌的顺序，传达出这个数字：

(小，中，大) = 1
(小，大，中) = 2
(中，小，大) = 3
(中，大，小) = 4
(大，小，中) = 5
(大，中，小) = 6

在这个例子中，助手想要传达的数字是 6，因此按大、中、小的顺序展示剩下的 3 张牌。这样一来，展示给魔术师的完整序列便是：红心♥10、黑桃♠Q、方块♦J、方块♦9。

---

① 擅长数学的读者可以认出这是鸽洞原理：给出 n 个洞和 $n+1$ 只鸽子，每只鸽子需飞过几个洞，至少有一个洞会有两只鸽子飞过。

- 魔术师从第一张牌红心♥10 开始，跳 6 步顺时针距离抵达红心♥3，也就是秘密牌！

现在有了一套读心算法，我们准备写两段程序，对应助手与魔术师的工作任务。

3.1 编程完成助手的工作

第一段程序取助手的 5 张牌作为输入，选出待隐藏的牌，编码剩余的 4 张牌，并按正确的顺序打印。助手可以向做魔术师的你读出这 4 张牌，让你猜出隐藏牌。

```
1.    deck = ['A_C','A_D','A_H','A_S','2_C','2_D','2_H','2_S',
              '3_C','3_D','3_H','3_S','4_C','4_D','4_H','4_S',
              '5_C','5_D','5_H','5_S','6_C','6_D','6_H','6_S',
              '7_C','7_D','7_H','7_S','8_C','8_D','8_H','8_S',
              '9_C','9_D','9_H','9_S','10_C','10_D','10_H',
              '10_S','J_C','J_D','J_H','J_S','Q_C','Q_D',
              'Q_H','Q_S', 'K_C','K_D','K_H','K_S']
2.    def AssistantOrdersCards():
3.        print ('Cards are character strings as shown below.')
4.        print ('Ordering is:', deck)
5.        cards, cind, cardsuits, cnumbers = [], [], [], []
6.        numsuits = [0, 0, 0, 0]
7.        for i in range(5):
8.            print ('Please give card', i+1, end = ' ')
9.            card = input('in above format:')
10.           cards.append(card)
11.           n = deck.index(card)
12.           cind.append(n)
13.           cardsuits.append(n % 4)
14.           cnumbers.append(n // 4)
15.           numsuits[n % 4] += 1
16.           if numsuits[n % 4] > 1:
17.               pairsuit = n % 4
18.       cardh = []
19.       for i in range(5):
20.           if cardsuits[i] == pairsuit:
21.               cardh.append(i)
22.       hidden, other, encode = \
22a.         outputFirstCard(cnumbers, cardh, cards)
23.       remindices = []
```

```
24.         for i in range(5):
25.             if i != hidden and i != other:
26.                 remindices.append(cind[i])
27.         sortList(remindices)
28.         outputNext3Cards(encode, remindices)
29.         return
```

第 1 行的列表 deck 定义牌从小到大的数值顺序。第 5 行与第 6 行初始化了一些变量。在第 5 行里，你可以看到一个单条语句赋值多个变量的例子。第 7～17 行是一个 **for** 循环，从键盘读取 5 张牌的输入。输入的牌名必须与 deck 列表中声明的字符格式一致。

第 8 行是一条 **print** 语句，打印'Please give card'与扑克牌号。**print** 语句中的 end = ' '表示打印空格替代换行符。第 9 行打印'in above format:'，读取用户的字符输入并写入变量 card，随后追加到列表 cards 中。这两行代码在一起产生的输出会像是这样：

```
Please give card 1 in above format:
```

随后等待用户输入字符串。第 11 行是至关重要的一行，取扑克牌对应的字符串，确定它在列表 deck 中的数值索引。这一索引很重要，因为它决定了怎样比较两张牌的顺序。例如，'A_C'的索引为 0，'3_C'的索引为 8，'K_S'的索引为 51。

第 12～17 行填充了多个数据结构，用于助理的编码任务。将 5 张牌的索引保存于 cind，同时将 5 张牌的花色保存于 cardsuits。将牌的索引对 4 取模，便可以得到牌的花色。梅花牌（花色 0）的索引都是 4 的倍数，而方块牌（花色 1）的索引都是 4 的倍数加 1，依此类推。要取到牌的“数字”，即 A（1）到 K（13），将下标直接整除（//）4 即可得到，因为所有 A 位于每副牌的开始位置，然后是 2，依此类推。我们的算法要助手选择出 5 张牌中出现过多于一次的花色——至少存在一种这样的花色，但是如果存在两种出现两次的花色，我们按照输入的顺序选择其中之一，将花色号保存于 pairsuit 变量（第 15～17 行）。

第 18～21 行确定 pairsuit 值相等的两张牌。可能同样花色的牌有 3 张甚至更多，但是我们在过程 outputFirstCard 中只选用前两张牌。

过程 outputFirstCard（第 22 行与第 22a 行）确定两张牌中的哪张作为隐藏牌，乃至哪张牌作为展示给魔术师的第一张牌。它也确定了要通过剩余 3 张牌编码的具体数值。注意第 22 行末尾的\符号，它的意思是第 22 行与 22a 行可以一起视为同一条语句。如果在这里不使用\符号，那么 Python 会崩溃。我们会在后面更详细地讲解 oututFirstCard 的细节。

第 23～26 行从 5 张牌中移除隐藏牌与第一张牌，并保存剩余的索引到长度为 3 的列表 remindices 中。按索引值的升序对 remindices 做排序（第 27 行）。最后，过程 outputNext3Cards 对保存于变量 encode 的编码数值，按编码规则对 3 张牌排序。这个过程也会在后面进行详细讲解。

第 29 行有一个 **return** 语句，表示过程的结束。到目前为止我们的过程都有点随意，还没有使用过 **return** 语句。第 29 行并不是必需的，过程没有它也同样能正常工作。如果你需要返回一个值，也就是需要实现一个函数，那么就必须用到 **return** 语句了。这一点在我们后文中函数与前面谜题中的函数的代码中都有体现。

这里是函数 outputFirstCard，用于确定两张牌中的哪张作为隐藏牌。我们要编码一个 1 到 6 的数值，并恰当地选出这两张牌。函数会分别返回隐藏牌、第一张展示的牌以及要编码的数值。

```
1.    def outputFirstCard(ns, oneTwo, cards):
2.        encode = (ns[oneTwo[0]] - ns[oneTwo[1]]) % 13
3.        if encode > 0 and encode <= 6:
4.            hidden = oneTwo[0]
5.            other = oneTwo[1]
6.        else:
7.            hidden = oneTwo[1]
8.            other = oneTwo[0]
9.            encode = (ns[oneTwo[1]] - ns[oneTwo[0]]) % 13
10.       print ('First card is:', cards[other])
11.       return hidden, other, encode
```

在这里不用担心两张牌的花色，因为是相同的。我们重新使用刚才展示过的这个牌的圆环（如图 3-2 所示）来讲解这段代码。

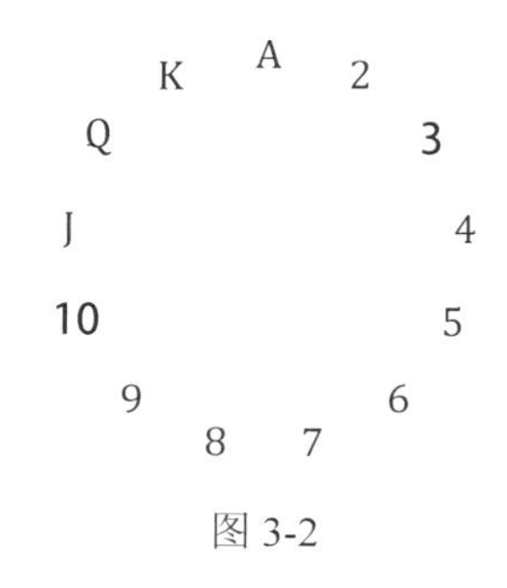

图 3-2

假设第一张牌是红心♥10，第二张牌是红心♥3。那么，第二行会计算(10 - 3) % 13 = 7。既然 encode = 7，那么我们选择隐藏第二张牌红心♥3，并编码数值(3 - 10) % 13 = 6。顺时针方向上，从 10（第一张展示的牌）开始递增 6 步，可得 3（隐藏牌）。另一方面，如果第一张牌是红心♥3，第二张牌是红心♥10，第二行会计算出(3 - 10) % 13 = 6。同样，也会选出红心♥3 做隐藏牌，对 6 做编码。

下面是过程 outputNext3Cards，它会对参数中的列表 ind 所保存的其余 3 张牌做排序，来对参数 code 给出的数值编码。

```
1.    def outputNext3Cards(code, ind):
2.        if code == 1:
3.            s, t, f = ind[0], ind[1], ind[2]
4.        elif code == 2:
5.            s, t, f = ind[0], ind[2], ind[1]
6.        elif code == 3:
7.            s, t, f = ind[1], ind[0], ind[2]
8.        elif code == 4:
9.            s, t, f = ind[1], ind[2], ind[0]
10.       elif code == 5:
11.           s, t, f = ind[2], ind[0], ind[1]
12.       else:
13.           s, t, f = ind[2], ind[1], ind[0]
14.       print ('Second card is:', deck[s])
15.       print ('Third card is:', deck[t])
16.       print ('Fourth card is:', deck[f])
```

这个过程假设 ind[0] < ind[1] < ind[2]，然后改变纸牌的顺序对 code 进行编码。

最后是排序过程：

```
1.    def sortList2(tlist):
2.        for ind in range(0, len(tlist) - 1):
3.            iSm = ind
4.            for i in range(ind, len(tlist)):
5.                if tlist[iSm] > tlist[i]:
6.                    iSm = i
7.            tlist[ind], tlist[iSm] = tlist[iSm], tlist[ind]
```

排序过程与谜题 2 中的排序代码几乎完全相同。唯一的区别在于第 5 行，元素中的值是可比较的牌号，因此可以直接比较两个元素（而不是像谜题 2 那样比较两个元组）。

3.2　编程完成魔术师的任务

现在我们已经实现了助手编码任务的自动化，接下来切换到魔术师的任务上。

这是一个解码程序，取 4 张假设正确编码的牌，打印出“隐藏”牌号。当你太忙没时间排练时，助手也可以使用这个工具自己排练。助手可以在一副扑克牌中随机选出 5 张牌，隐藏一张牌，对其他牌排序并输入到这个程序中。这个程序会生成隐藏牌，助手可以检查是否正确地按顺序输入了牌。

```
1.    def MagicianGuessesCard():
2.        print ('Cards are character strings as shown below.')
3.        print ('Ordering is:', deck)
4.        cards, cind = [], []
5.        for i in range(4):
6.            print ('Please give card', i + 1, end = ' ')
7.            card = input('in above format:')
8.            cards.append(card)
9.            n = deck.index(card)
10.           cind.append(n)
11.           if i == 0:
12.               suit = n % 4
13.               number = n // 4
14.       if cind[1] < cind[2] and cind[1] < cind[3]:
15.           if cind[2] < cind[3]:
16.               encode = 1
17.           else:
18.               encode = 2
19.       elif ((cind[1] < cind[2] and cind[1] > cind[3])
20.        or (cind[1] > cind[2] and cind[1] < cind[3])):
21.           if cind[2] < cind[3]:
22.               encode = 3
23.           else:
24.               encode = 4
25.       elif cind[1] > cind[2] and cind[1] > cind[3]:
26.           if cind[2] < cind[3]:
27.               encode = 5
28.           else:
29.               encode = 6
30.       hiddennumber = (number + encode) % 13
```

```
31.         index = hiddennumber * 4 + suit
32.         print ('Hidden card is:', deck[index])
```

到第 10 行之前，两个程序几乎完全相同，不同的是在第 5 行我们只输入 4 个牌号，而不是 5 个。第 11～13 行确定隐藏牌的花色与第一张牌的数字（1～13）。程序的其余部分便是根据第二、三、四张牌的数值排序，确定出第一张牌与隐藏牌之间的距离差。第 14 行与第 15 行检查这 3 张牌是否为递增顺序，如果是，那么 encode 表示的距离差等于 1。如果第一张牌是 3 张牌中最小的牌（完整的 4 张牌中的第二张牌），而其余两张牌为降序，则 encode 等于 2。

第 19～20 行检查 3 张牌中的第一张牌的数值是否为中间大小。如果成立，encode 表示的距离差会是 3 或者 4。注意第 19 行和第 20 行对应同一条语句，Python 中可以使用括号来表示语句的连续。我们在 elif 后面增加了一个额外的“(”，同时在第 20 行通过匹配的“)”结束这行 elif 语句。如果使用“\”的话，这对额外的括号就没有必要了。如果移除括号，且没有使用“\”，会报出一条语法错误。

第 30 行与第 31 行确定隐藏牌是哪张。我们已知它的花色，利用第一张牌的牌号与 encode 表示的距离差就可以确定隐藏牌的牌号。不过如果要确定牌的字符串表示，还需要确定隐藏牌在列表 deck 中的索引。

3.3 独自掌握技巧

如果作为魔术师的你没有排练的伙伴怎么办？这段代码会有一些帮助：

```
1.    def ComputerAssistant():
2.        print ('Cards are character strings as shown below.')
3.        print ('Ordering is:', deck)
4.        cards, cind, cardsuits, cnumbers = [], [], [], []
5.        numsuits = [0, 0, 0, 0]
6.        number = int(input('Please give random number of' +
                             ' at least 6 digits:'))
7.        for i in range(5):
8.            number = number * (i + 1) // (i + 2)
9.            n = number % 52
10.           cards.append(deck[n])
11.           cind.append(n)
12.           cardsuits.append(n % 4)
13.           cnumbers.append(n // 4)
```

```
14.             numsuits[n % 4] += 1
15.             if numsuits[n % 4] > 1:
16.                 pairsuit = n % 4
17.         cardh = []
18.         for i in range(5):
19.             if cardsuits[i] == pairsuit:
20.                 cardh.append(i)
21.         hidden, other, encode = \
21a.                outputFirstCard(cnumbers, cardh, cards)
22.         remindices = []
23.         for i in range(5):
24.             if i != hidden and i != other:
25.                 remindices.append(cind[i])
26.         sortList(remindices)
27.         outputNext3Cards(encode, remindices)
28.         guess = input('What is the hidden card?')
29.         if guess == cards[hidden]:
30.             print ('You are a Mind Reader Extraordinaire!')
31.         else:
32.             print ('Sorry, not impressed!')
```

这段程序根据输入的 6 位数字“随机”生成 5 张牌。输入的这 6 位数字会被打散，生成 5 张牌，使之难以根据输入的数字猜出对应的结果。你可以将这个数字视为随机性的种子。这段程序的工作内容与原先相同——“隐藏”一张牌，并按正确的顺序打印出剩余的 4 张牌。随后，它读取魔术师的猜测结果，返回魔术师的猜测是否正确。这样一来，想掌握这套戏法的年轻魔术师可以独自排练。每次正常排练时，输入一个不同的 6 位或更多位的数字。

第 6～9 行是相对于 `AssistantOrdersCards` 的主要修改。注意，第 6 行语句跨了两行，与前面的 `print` 语句相似。`input` 只取一个参数，我们需要在两个字符串中间加入一个“+”。

魔术师输入一个大数字，保存在变量 `number` 中。我们想基于 `number` 生成总共 5 个“随机”的索引。我们在第 8 行使用了一些算术式，基于 `number` 来生成“随机”数字。我们完全可以使用 Python 内置的随机数生成器，但是我们在这里只要做到防止魔术师轻易从 `number` 得出隐藏牌就可以，使魔术师只能通过 4 张展示出的牌来解码出隐藏牌。我们假设魔术师有动力诚实地排练！

第 28～32 行读取魔术师的猜测作为输入，确定猜测结果是否正确。

3.4　信息编码

这道题目考察了信息的编码与通信方面的问题。假设你在附近有外人能旁听到声音的环境中，想与朋友秘密通信。你想告诉朋友一点信息，告诉他你是否有空参加今天的晚宴。如果你通过“Hey, buddey Alex”来打招呼而不是通过“Hey, Alex buddy”来打招呼，则如果之前有商定的码号，Alex 便能够得知你是否有空。例如，“buddy”在“Alex”之前表示“没空”，反过来表示“有空”。

在这套扑克牌戏法中，我们基于 3 张牌有 6 种排列方式，所以能传递一个 1 到 6 之间的数值。一般而言，如果我们有 n 张牌，它们可以有 $n!$种排列方式，其中 $n!$读作“n 的阶乘”，等于 n 乘以 $n-1$ 乘以 $n-2$ 直到乘以 1 为止。这意味着发送者与接收者在商定排列顺序对应的数值信息之后，我们可以通过一个具体的排列方式，传递一个 1 到 $n!$之间的数值。即使侦听者知道里面可能在传递秘密信息，只要侦听者不清楚排列方式与数值之间的对应关系，侦听者就无法从传输的排列中得出数值的信息。

这意味着，你和你的助手完全可以商定展示牌的不同顺序，或者商定一个不同的全局牌号排序（见下面的习题 3），这样一来即使观众了解戏法的原理，也不能正确猜出隐藏牌。如果有人想要在你之前喊出隐藏牌来干扰这套扑克牌戏法，助手可以展示出真正的隐藏牌，使质疑者很大可能看到与他们猜测的结果不同而感到尴尬。需要注意的是，这套戏法如果正确地重复过多次数，精明的观众将有可能发现背后商定的顺序。

3.5　4 张牌的魔术戏法

你能想出一套类似的、只有 4 张牌的戏法吗？就是说，助手找 4 位观众上台，每人随机抽取一张牌，隐藏其中一张牌，通过某种方式宣示其余的 3 张牌，将隐藏牌传达给魔术师。同之前一样，助手会选择出要隐藏哪张牌。

这看起来很难，与 5 张牌的谜题不同，4 张牌的花色有可能完全不同。这意味着助手除了隐藏牌的牌号，还需要传达隐藏牌的花色，仅通过 3 张牌来完成这一切。

助手传递信息的方法有很多。助手可以在按某种顺序宣布牌的同时，悄悄把牌按正面或反面放置在桌上。有意思的问题是，在允许助手自由选择隐藏牌的条件下，需要传递的信息量是多少？

考虑图 3-3 所示的更大的这个牌环，与前面包含 13 张牌的环相似，但是包含了完整的一套 52 张牌。它的展示顺序与变量 deck 中保存的顺序相同。4 张牌会随机地分布在这个环的不同位置上。

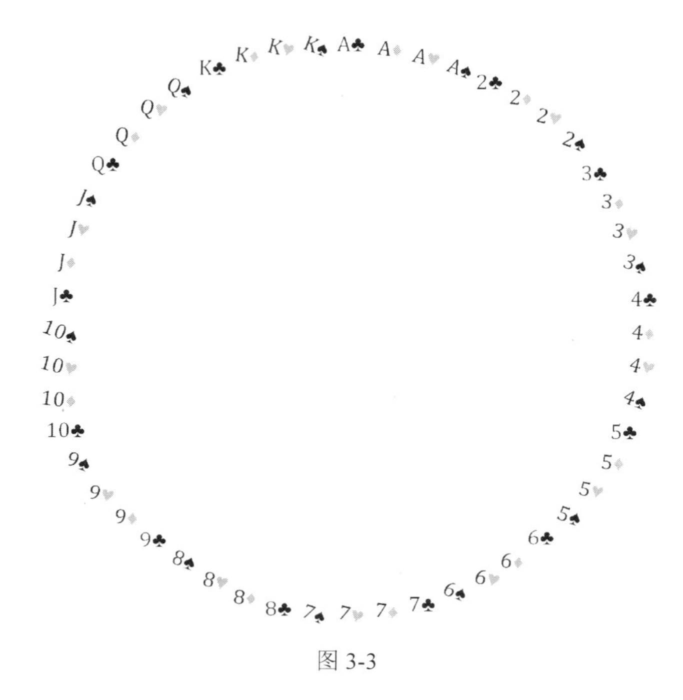

图 3-3

任意两张牌在最坏情况下的最短距离是多少？在最坏情况下，牌会均匀散布，如梅花♣Q、方块♦2、红心♥5 和黑桃♠8。这种情况下相邻的每一对牌都相距 13 跳。这意味着，不管选择哪些牌，助手总可以选择最多相距 13 跳的一对牌。与 5 张牌的戏法类似，最先展示的牌将能够在顺时针方向 13 跳以内抵达隐藏牌。

想象一下，助手怎样才能最巧妙地向魔术师传递一个 1 到 13 之间的数值？一个方法是，将隐藏牌放到桌面，当然让它正面朝下，然后将其他 3 张牌分别放置在隐藏牌的左侧或者右侧。每张牌的左或右，都为魔术师增加了一位的信息量。然后，令所有 3 张展示的牌都正面朝上放置或者都正面朝下放置，又能增加一位的信息量。一共 4 比特，足够编码一个 0 到 15 之间的数值。与大部分戏法一样，分散观众的注意力是戏法的重要部分！

3.6　习题

习题 1　ComputerAssitant 程序中有一个小 bug，源自这段代码的偷懒：

```
7.          for i in range(5):
8.              number = number * (i + 1) // (i + 2)
9.              n = number % 52
```

我们基于输入的数字来生成 5 张“随机”牌。这个策略存在的问题是，它并没有检查确保这 5 张牌各不相同。实际上，如果你输入的数字是 888888，会生成这样排列的 5 张牌：['A_C', 'A_C', '7_H', 'J_D', 'K_S']。你可以发现问题所在：我们没有在 ComputerAssistant 中查重复的牌。修正这个过程，检查牌是否不同，并执行上面的循环生成“随机”数值，迭代直到生成 5 张不同的牌为止。

习题 2 修改 ComputerAssistant，以防存在两对同花色的牌，则在选择隐藏牌与第一张牌时，选择其中需要编码的数值更小的一对牌。

习题 3 一些魔术师更喜欢按不同的方式对牌排序，将花色置为首要排序因子，而不是按数值排序，如下：

```
deck = ['A_C','2_C','3_C','4_C','5_C','6_C','7_C','8_C',
              '9_C','10_C','J_C','Q_C','K_C','A_D','2_D','3_D',
              '4_D','5_D','6_D','7_D','8_D','9_D','10_D','J_D',
              'Q_D','K_D','A_H','2_H','3_H','4_H','5_H','6_H',
              '7_H','8_H','9_H','10_H','J_H','Q_H','K_H','A_S',
              '2_S','3_S','4_S','5_S','6_S','7_S','8_S','9_S',
              '10_S','J_S','Q_S','K_S']
```

修改 ComputerAssitant 允许魔术师按如上的顺序进行排练。注意，按索引提取牌的牌号与花色的计算逻辑需要修改。同样，助手读牌的顺序也需要修改。需要正确处理一些细节，才能正确解出这道谜题的变体。

难题 4 编写 ComputerAssistant4Cards，允许排练这套 4 张牌的戏法。你可以选择上文描述的编码策略，利用这样的手段提供信息：（1）每张牌放置于桌面上的隐藏牌的左侧还是右侧；（2）所有 3 张牌是全部正面朝上还是正面朝下。你也可以设计自己的编码策略，确保对任意抽取的 4 张牌都能操作这套戏法。

谜题 4

让皇后保持分离

本谜题涵盖的程序结构和算法范型：二维列表、**while** 循环、**continue** 语句，以及过程的默认参数。通过迭代进行穷举搜索，冲突检查。

棋盘上的八皇后问题是指，如何在棋盘上放置 8 个皇后，使得其中任何一个皇后都无法直接攻击其他的皇后？这意味着：

（1）任何两个皇后都不能处于同一列上；

（2）任何两个皇后都不能处于同一行上；

（3）任何两个皇后都不能处于同一条对角线上。

你能找到解法吗？（如图 4-1 所示的棋盘。）

图 4-1

如果 8 个皇后数量太多以至你很难处理，那么尝试图 4-2 所示的五皇后问题。

图 4-2

图 4-3 所示是八皇后问题的解法之一，但不是唯一的解法。

图 4-3

图 4-4 所示是五皇后问题的解法。

但是怎样才能找到上述的解法或者不同的解法呢？先简化一下问题。假设我们看一张较小的 2 × 2 棋盘（如图 4-5 所示），怎样放置两个皇后使它们不会互相攻击？答案是不能，因为在一张 2 × 2 的棋盘上，皇后位于任何方块都会攻击其他的所有方块。

图 4-4

图 4-5

3 × 3 的棋盘怎样？图 4-6 是一种尝试。

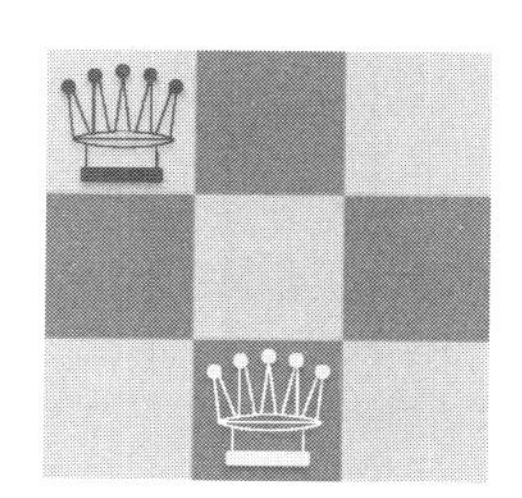

图 4-6

对于第一个位置（图 4-6 左上），我们可以看到皇后可攻击其他 6 个方块并且占据一个方块。因此第一个皇后的位置决定了有 7 个方块不允许放置皇后，只留下了 2 个可用方块。当我们把第二个皇后放置在 2 个方块的其中之一后，将没有可用的方格剩下。当然，我们可以试着将第一个皇后放置在另一个位置，但是这样也无济于事。第一个皇后不管放置在什么地方，都将会占据并且攻击至少 7 个方块，仅仅留下 2 个方块。因此 3 × 3 的棋盘没有解法。

4.1 系统地搜索

4 × 4 的棋盘呢？我们来系统地搜索求解。我们尝试逐列放置皇后，如果失败则更改放置位置。首先在第一列的左上角放置一个皇后，如图 4-7 所示（第一张图）。在第二列有两种选择可供放置皇后，我们选择其中之一，如图 4-7 中第二张图所示。现在我们被困住了！第三列放不了皇后。

图 4-7

注意，当将第三个皇后放置在上面的第三列时，我们只是检查第三个皇后没有与第一个和第二个皇后冲突，但不需要检查前两个皇后是否互相冲突，因为在放置第二个皇后时已经做了检查。这一点很重要，当我们查看代码检查相关冲突时，需要记住这一点。

假定寻找解法失败了，我们应该放弃吗？不应该，因为我们可以尝试将第二个皇后放置在不同的位置。现在开始，如图 4-8 所示。

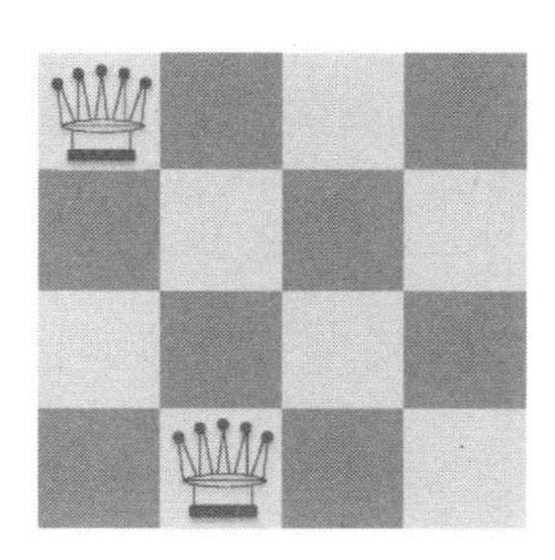
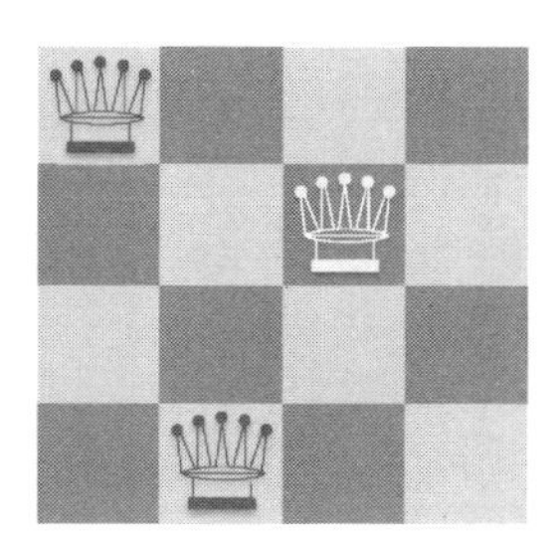

图 4-8

这次我们走得更远，但在第四列也就是最后一列上又被卡住了。但是我们并非别无选择。刚才我们随意地选择了左上角用于放置第一个皇后，完全可以选择其他位置（第一个皇后有 4 种不同的选择）。现在开始，如图 4-9 所示。

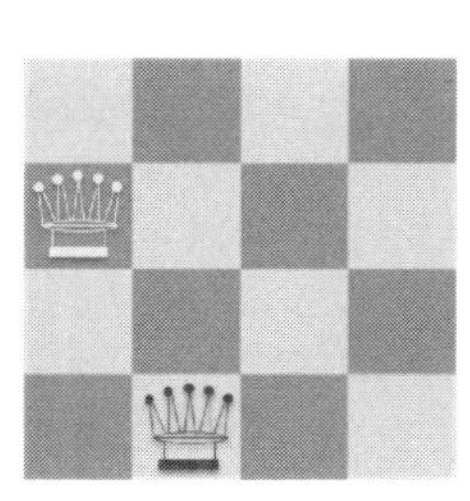
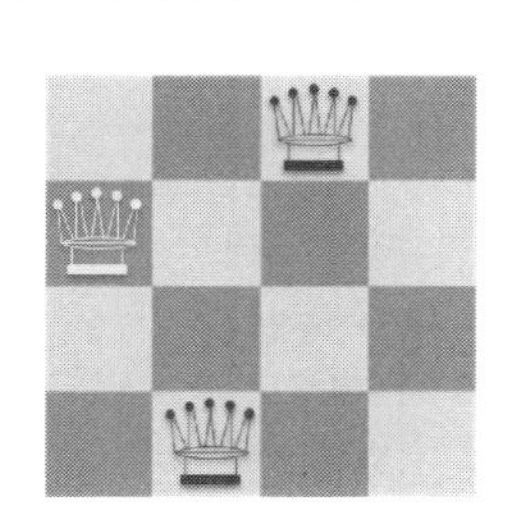
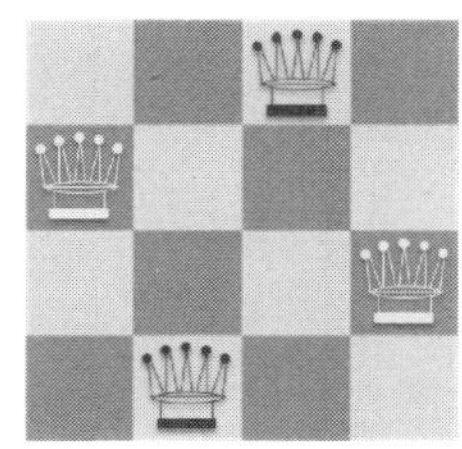

图 4-9

成功了！找到了四皇后问题的一个解。[1]

使用这种策略求解八皇后问题需要一个普通人花费很长时间，但这种暴力穷举策略应该是有效的。计算机的计算速度比人类快几十亿倍，因此如果可以将我们的策略编写成代码，我们就可以运行程序并在几秒内找到解法。

编写八皇后代码的第一步是确定问题所需的数据结构：如何表示棋盘和皇后的位置？

4.2　用二维列表（数组）表示棋盘

在谜题 1 中我们曾看到过 Python 中的一维列表（或数组），也就是变量 `caps`。由于棋盘是一张二维的网格，可以自然地使用二维数组表示：

```
B = [[0, 0, 1, 0],
     [1, 0, 0, 0],
     [0, 0, 0, 1],
     [0, 1, 0, 0]]
```

可以将这个数组看作棋盘来阅读，其中 `0` 代表空白的方块，`1` 代表皇后。`B` 是（一维）数组的数组：`B[0]`是第 1 行，`B[1]`是第 2 行，依此类推。所以 `B[0][1] = 0`，`B[0][2] = 1`，`B[0][3] = 0`。作为另一个例子，`B[2][3] = 1`，它是第 3 行的最后一个 `1`。上面的变量 `B` 表示前面展示的 4 × 4 的棋盘的解。

我们需要检查对于给定 `i` 的每个 `j` 和给定 `j` 的每个 `i`，都只有一个 `B[i][j]`的值为 `1`。除此之外，还需要检查对角线攻击，例如，`B[0][0] = 1` 且 `B[1][1] = 1` 的棋局便是无效的（非正确解）。

这里的代码检查给定的 4 × 4 棋盘上的皇后是否违反了规则。注意，代码不会对棋盘上的皇后数是否为 4 做检查，所以一张空的棋盘也符合规则。当然两个皇后也有可能违反规则。记住，我们希望遵循之前展示的迭代策略，即每次将一个皇后放在棋盘的新列上，并检查是否存在冲突。

```
1.    def noConflicts(board, current, qindex, n):
2.        for j in range(current):
3.            if board[qindex][j] == 1:
4.                return False
```

[1] 实际上四皇后问题有两种解，尽力找出另一种解。

```
5.          k = 1
6.          while qindex - k >= 0 and current - k >= 0:
7.              if board[qindex - k][current - k] == 1:
8.                  return False
9.              k += 1
10.         k = 1
11.         while qindex + k < n and current - k >= 0:
12.             if board[qindex + k][current - k] == 1:
13.                 return False
14.             k += 1
15.         return True
```

给定一张 $N \times N$ 的棋盘，将棋盘上 N 个皇后的放置位置称为棋局（configuration）。如果少于 N 个皇后，我们称其为部分棋局（partial configuration）。只有当棋局（棋盘上有 N 个皇后）符合所有 3 条攻击规则时，我们才称之为解。

过程 noConflicts(board, current)用于检查部分棋局是否违反了行和对角线规则。它取一个参数 qindex，qindex 表示放在列 current 的皇后对应的行索引。该程序假设给定的列中仅放置一个皇后——下面的 FourQueens 迭代搜索过程必须保证这一点（也确实如此）。

current 的值可以小于棋盘的大小，current 之后的列均为空。代码检查序号为 current 的列上的皇后与序号小于 current 的列上现有的皇后是否冲突。这就是我们想要的：模拟之前描述的手动迭代的过程。例如，若 current = 3，在调用 noConflicts 时，不检查 board[0][0]和 board[0][1]是否都为 1（跨前两列的行攻击）或者 board[0][0]和 board[1][1]是否都为 1（跨前两行与前两列的对角线攻击）。之所以可以避免这类检查，是因为在每次将新的皇后放置到部分棋局时都调用了 noConflicts。

第 2～4 行代码检查行 qindex 中是否已经有皇后。第 5～9 行和第 10～14 行代码检查两种形式的对角线攻击。第 5～9 行代码通过按比例递减 qindex 和 current 的值来检查↗攻击，直至棋盘边缘。第 10～14 行代码通过按比例递减 current 和递增 qindex 的值来检查↘攻击，直至棋盘边缘。棋盘上列 current 外的部分假定为空，因此没有必要递增 current 值。

现在我们准备就绪，可以在放置皇后时调用检查冲突过程：

```
1.      def FourQueens(n=4):
2.          board = [[0,0,0,0], [0,0,0,0],
```

```
                    [0,0,0,0], [0,0,0,0]]
3.      for i in range(n):
4.          board[i][0] = 1
5.          for j in range(n):
6.              board[j][1] = 1
7.              if noConflicts(board, 1, j, n):
8.                  for k in range(n):
9.                      board[k][2] = 1
10.                     if noConflicts(board, 2, k, n):
11.                         for m in range(n):
12.                             board[m][3] = 1
13.                             if noConflicts(board, 3, m, n):
14.                                 print (board)
15.                             board[m][3] = 0
16.                     board[k][2] = 0
17.             board[j][1] = 0
18.         board[i][0] = 0
19.     return
```

多亏第 4 行和第 18 行、第 6 行和第 17 行、第 9 行和第 16 行以及第 12 行和第 15 行，保证了每列只有一个皇后——这是 FourQueens 所执行的不变量。最初棋盘 B 是空的，两行成对的代码先在每行放置一个皇后，然后再移除。这就是为什么 noConflicts 不需要检查列攻击，而只需检查新放置的皇后和现有皇后之间的行和对角线攻击即可。

第 4 行将第一个皇后放置在棋盘上，在只有一个皇后的情况下不会出现任何冲突，因此我们不需要在放置之后调用 noConflicts。对于第二次和随后的皇后放置（第 6、9 和 12 行），我们必须检查是否存在冲突。

虽然我们编写的函数 noConflicts 适用于一般的 n，但是 FourQueens 假定 n = 4，所以在调用它时硬编码了参数 n = 4。我们可以很容易地将 FourQueens 中出现的 n 都用 4 代替，但是选用这种描述是要强调 noConflicts 这个函数足够通用，可以通过任意的 n 调用，但是 FourQueens（如它的名字所描述的那样）则不能。

如果运行 FourQueens，可以得到：

```
[[0, 0, 1, 0],
 [1, 0, 0, 0],
 [0, 0, 0, 1],
 [0, 1, 0, 0]]
```

```
[[0, 1, 0, 0],
 [0, 0, 0, 1],
 [1, 0, 0, 0],
 [0, 0, 1, 0]]
```

这里从上到下列出了棋盘的每一行。代码生成了两个解，每一个解在上面分别占 4 行。第一个解是我们之前手动发现的解。当时我们在找到第一个解之后便停止了，但是如果我们继续，就能发现第二个解。

在编写 `EightQueens` 的代码之前，可以简单地向 `FourQueens` 添加更多的循环（好像 4 层嵌套循环还不够！）。在这样做之前，我们先为部分棋局或者完整棋局寻找一个更好的数据结构，不仅更紧凑，还能简化上面的 3 条规则的检查。

4.3　用一维列表（数组）表示棋盘

使用二维列表来表示棋盘很自然，也显然能满足我们的期望。实际上，因为我们只寻找每列（或者每行，就此而言）只有一个皇后的解法，所以可以使用一维数组来进行简化，使数组的每个索引对应棋盘的每个列号，同时使数组的每个数据项表示皇后所在的行号。考虑图 4-10 所示的大小为 4 的数组。

a	*b*	*c*	*d*

图 4-10

a、b、c 和 d 的值可以在−1 到 3 之间变化。在这里，−1 表示相应的列中没有皇后，0 表示该列的第一行中有皇后，3 表示该列的最后一行有皇后。这里有一个一般的例子做演示，如图 4-11 所示。

图 4-11

这个 4 × 4 的棋盘上只有 3 个皇后，从这个意义上说该数据结构可以用于表示部分棋局。这很重要，因为我们希望像第一个算法一样，在一张空棋盘上构建解。当然，在我们的算法中，皇后从左到右地放置在棋盘列上，但这只是一个随意的选择。

有了新的表示形式，现在我们可以编写代码来检查这 3 条规则。注意，因为不会在同一列上放置两个皇后，便自然满足了第一条规则，因为在每个数组索引下只能存储一个数字（其值为-1 到 $n-1$ 之间）。使用一维数组表示不仅更紧凑（compact），还减少了一条检查规则。对第二条规则，检查同一行中不存在两个或者更多个皇后，我们只需要确保数组中同一个数字（−1 除外）不会出现多次即可（下面第 3～4 行）。第三个规则涉及稍多一些计算（下面第 5～6 行）。

```
1.    def noConflicts(board, current):
2.        for i in range(current):
3.            if (board[i] == board[current]):
4.                return False
5.            if (current - i == abs(board[current] - board[i])):
6.                return False
7.        return True
```

第 3～4 行代码检查是否有行攻击。`board[current]`为非负值的假设，由调用者过程 `EightQueens` 保证。如果该值等于任何前列中的值，则棋局无效。

第 5 行代码检查对角线攻击——在这种表示下，这项检查要容易得多。为什么要在第 5 行代码使用 **abs**？因为需要检查↘和↙两种方向的对角线攻击。看图 4-12 所示的例子。

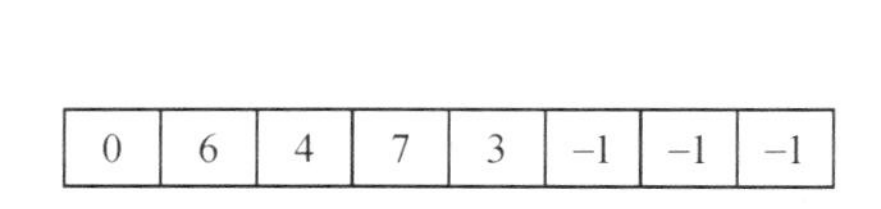

0	6	4	7	3	−1	−1	−1

图 4-12

变量 `current = 4`，我们在编号为 4 的列中放置一个皇后。`board[1] = 6` 并且 `board[4] = 3`，因此第 5 行对角线检查在 `i = 1` 时失败。

```
{current = 4} - {i = 1} == abs({board[current] = 3} - {board[i] = 6})
```

回忆一下，在旧的表示中我们必须要做两次对角线检查。

这是使用新版紧凑表示之后的 EightQueens：

```
1.   def EightQueens(n=8):
2.       board = [-1] * n
3.       for i in range(n):
4.           board[0] = i
5.           for j in range(n):
6.               board[1] = j
7.               if not noConflicts(board, 1):
8.                   continue
9.               for k in range(n):
10.                  board[2] = k
11.                  if not noConflicts(board, 2):
12.                      continue
13.                  for l in range(n):
14.                      board[3] = l
15.                      if not noConflicts(board, 3):
16.                          continue
17.                      for m in range(n):
18.                          board[4] = m
19.                          if not noConflicts(board, 4):
20.                              continue
21.                          for o in range(n):
22.                              board[5] = o
23.                              if not noConflicts(board, 5):
24.                                  continue
25.                              for p in range(n):
26.                                  board[6] = p
27.                                  if not noConflicts(board, 6):
28.                                      continue
29.                                  for q in range(n):
30.                                      board[7] = q
31.                                      if noConflicts(board, 7):
32.                                          print (board)
33.      return
```

我们为处理中的当前列简单分配一个非负数，用于表示皇后的位置。这里没有必要像在旧算法中那样将值重置为 0，因为只要更改数值，即可高效地将皇后从旧的位置移除并移动到新的位置。也就是说，如果 board[0] = 1 并将其更改为 board[0] = 2，我们便移动了皇后。同样，这个更紧凑的表示也节省了我们编写的代码。

回忆一下，我们每次放置一个皇后时都要检查它和前面列的冲突。这就是为什么每次放置皇后时都要调用 noConflicts。为了避免代码缩进比已经有的 8 层还要多，我们使用 **continue** 语句。如果存在一个冲突，即 **if** 语句返回 **False**，我们就跳转到下一轮循环迭代，而不再执行任何语句。

```
5.          for j in range(n):
6.              board[1] = j
7.              if not noConflicts(board, 1):
8.                  continue
9.              for k in range(n):
```

如果上面第 7 行调用 noConflicts 返回 **False**，将跳回到第 6 行，使 j 的值递增，且不必执行第 9 行或后续的语句。这避免了使第 9 行开始的 **for** 循环语句被迫包含于第 7 行的 **if** 语句（没有 **not**）之内，就像我们在 FourQueens 代码里面所做的那样。

如果运行 EightQueens 代码，它会打印不同的解。下面是一个示例：

```
[0, 4, 7, 5, 2, 6, 1, 3]
[0, 5, 7, 2, 6, 3, 1, 4]
[0, 6, 3, 5, 7, 1, 4, 2]
[0, 6, 4, 7, 1, 3, 5, 2]
```

其中最后一条解，正是我们在开始描述谜题时展示的解法。如果将旋转解和镜像解视为同一解，那么将存在 12 种不同的解法。

如果在第 32 行 **print**(board) 语句后面加一条 **return**，将仅获得第一个解：

```
29.                                 for q in range(n):
30.                                     board[7] = q
31.                                     if noConflicts(board, 7):
32.                                         print (board)
33.                                         return
34.         return
```

八皇后迭代代码是本书中最丑陋的代码！想象一下如果我们想要解决十五皇后问题将会发生什么。幸运的是，你在谜题 10 中将会展示优雅的递归代码，用于解决任意 N 的 N 皇后问题。

4.4 迭代枚举

N 皇后代码中体现的主要算法范型是迭代枚举。我们逐列遍历，并且在每列中逐行遍历。为了确保能找到一个解，我们要求枚举是穷举式的（exhaustive），如果跳过一行或者一列放置一个皇后，那么可能会错过解。通过对行和列编号并遍历它们，我们保证了穷举搜索。

代码中阐述的另一种算法范型就是在迭代搜索期间的冲突检查。例如，在四皇后问题中，可以在棋盘上放置 4 个皇后，每一列放置一个，仅在放置后检查冲突。这一点在以下代码中展示。

```
1.     for i in range(n):
2.         board[i][0] = 1
3.         for j in range(n):
4.             board[j][1] = 1
5.             for k in range(n):
6.                 board[k][2] = 1
7.                 for m in range(n):
8.                     board[m][3] = 1
9.                     if noConflictsFull(board, n):
10.                        print (board)
11.                    board[m][3] = 0
12.                board[k][2] = 0
13.            board[j][1] = 0
14.        board[i][0] = 0
15.    return
```

严格来说，这段代码在性能和复杂性方面，比之前展示的代码更差。它在性能方面更差，因为可能创建出同一行有 3 个皇后的棋局。在复杂性方面更糟糕，因为需要一个更复杂的 `noConflictsFull`（第 9 行）检查，而不是像在 `noConflicts` 那样增量地对最近放置的皇后和已经放置的皇后做冲突检查。在 `noConflictsFull` 中，必须检查每行中是否恰有一个皇后，并检查任何两个皇后之间都没有任何对角线冲突。在对 `noConflictsFull` 的 4^4 次调用中，对于彼此相近的棋局存在重复性工作。

不用烦恼 `noConflictsFull` 的实现，向你展示上述代码的主要目的是让你对 `FourQueens` 的代码能稍有好感。

4.5　习题

习题 1　修改 `EightQueens` 的代码，让它增加一个参数，给出想要找到的解的数量，并打印出这些解（假设有解存在）。注意，默认参数必须要在非默认参数之后，因此新参数必须是第一个参数，然后是默认参数 `n = 8`。

难题 2　修改 `EightQueens` 的代码，在列表中某些位置上已放置过皇后的基础上，寻找解法。你可以使用一维列表 `location` 作为参数，该参数对应皇后的固定位置的某些列并且非负。例如，`location = [-1, 4, -1, -1, -1, -1, -1, 0]`，表示在第 2 列和第 8 列放置了两个皇后。你的代码应该生成 `[2, 4, 1, 7, 5, 3, 6, 0]`，作为与现有皇后位置相符的解。

习题 3　使用 **`continue`** 语句减少 `FourQueens` 代码中的缩进级别，使两种解法都打印出来。这比你想象的更棘手一点！

谜题 5

请打碎水晶

本谜题涵盖的程序结构与算法范型：break 语句、基数表示法。

你收到一个任务，要确认一些相同的水晶球的“坚固系数”。著名的上海中心大厦在 2015 年建成，有 128 层[①]。你要找出最高在第几层楼上扔下水晶球，使水晶球落地不碎而能从地面弹起。我们假定为了这个重要的实验已经疏散周围区域。

你要向老板报告上海中心大厦的最高层数，使扔下水晶球落地不碎。这意味着，如果你报告楼层 f，水晶球在第 f 层抛下不会粉碎，而在 $f+1$ 层抛下会粉碎（不然你报告的应当是 $f+1$）。你的奖金取决于报告的楼层数有多高，但是如果在报告的楼层 f 上抛下水晶球发生粉碎，你会遭受严厉处罚，你想竭力避免这一点。

没碎的水晶球仍能重复使用，但是碎的水晶球就不能重复使用了。球落地时刻的速度是决定它是否粉碎的唯一因素，随着楼层每升高一层[②]，落地时刻的速度随之增加。可以假定，如果水晶球从 x 层落下不碎，则从任意小于 x 的楼层抛下都不会碎。同样，如果水晶球从 y 层落下粉碎，那么从大于 y 的楼层抛下都会粉碎。

遗憾的是，你不许坐电梯，因为你拿着的闪闪发光的球体会吓到其他游客。攀爬楼梯劳力不菲，因此你希望能抛最少次数的水晶球。

当然，给你多少颗水晶球是大问题。假设只给你一颗，你将没有多少行动自由。例如，如果从 43 楼扔下球碎了，你是不敢直接将楼层 42 作为结果报告上去的，因为从 42 楼、41 楼甚至 1 楼抛下球，都有可能粉碎。你只能将 1 楼作为报告结果，这意味着没有奖励。只有一颗球，你只能从第 1 层楼开始——如果球粉碎，则报告楼层 0，

① 其实上海中心大厦标为 127 层可用楼层，我们假设可以在楼顶抛球，称它为 128 层建筑好了。

② 假设极限速度（terminal velocity）不起作用。

如果没有粉碎，则登上 2 楼，这样直到 128 楼为止。如果从 128 楼抛球仍然不碎，你便可以开心地报告 128 楼。如果球从第 f 层抛下后粉碎，说明你已经抛过 f 次球。从 1 楼到 128 楼，抛球的次数可达 128。

如果有两颗球会怎样？假设你从 128 层楼抛下球，球如果没碎，你可以报告 128 楼并宣告实验成功，发一笔财。然而如果球碎了，你只剩一颗球，已知的全部信息只有球从 128 层抛下肯定碎。为了避免处罚、最大化奖励，你只能从第 1 层楼开始抛第二个球，像前面描述的那样逐步登上更高楼层，甚至得登到 127 层。最坏情况下是从 128 层楼抛一次，然后 1 楼到 127 楼抛 127 次，总共 128 次。相比只有一颗球时没有改进。

直觉告诉你，对 128 层的建筑，应该从区间[1, 128]的中间点开始试。假定你从 64 楼抛下球，总有两种可能性：

（1）球粉碎了。这意味着你可以集中在 1 楼到 63 楼（也就是区间[1, 63]）剩余一个球。

（2）球没有粉碎。这意味着你可以集中在 65 楼到 128 楼（也就是区间[65, 128]）剩余两个球。

最坏情况下抛球的次数是 64，在第一种情况下，你需要从区间的最低楼层开始，逐步登上更高楼层。比抛球 128 次好，但是只减少了一半。

当你拥有两颗球时，你希望能比最坏情况抛 64 次更好。你不想放弃任何奖励，也不想受到任何惩罚。

你能不能想一种办法，在两颗球的条件下，用最多 21 次抛球完成实验，以最大化奖励并避免惩罚？如果拥有更多水晶球，或上海中心大厦楼层数突然翻倍，会怎样？

5.1　两颗球的高效搜索

相对于抛 64 次球，我们应当有更好的做法。从 64 楼开始抛球的问题在于，当只有两个球时，如果第一个球粉碎，我们只能回到 1 楼，逐步登到 63 楼。如果从 20 楼开始会怎样？如果第一个球粉碎，我们只需要通过第二颗球依次搜索一个较小的区间[1, 19]，这时最坏情况是总共抛 20 次球。如果第一颗球没有粉碎，我们将搜索一段较大的区间[21, 128]，但是我们手里有两颗球。接下来到 40 楼，抛下第一颗球（第二次抛第一颗球），如果第一颗球粉碎，我们依次搜索[21, 39]中间的每个楼层，这样一来，在最坏的情况下，第一颗球会在 20 楼和 40 楼抛下 2 次，而第二颗球会抛下 19 次，总计 21 次。如果没有粉碎，则到 60 楼抛球。像这样从 20 楼、40 楼、60 楼、80 楼分别尝试，最坏情况下仍可以确定少于 30 次抛球。

我们的目标并不特定用于解决 128 层楼的问题。是否存在一个通用的算法，给出楼高 n 层和两颗球的条件下，我们可以象征性地算出函数 `func(n)` 的最坏情况的下界。随后我们可以应用这个算法到具体的 128 层楼的问题上。

其中的关键在于合理地分散楼层数。设想我们使用一个策略，分别从楼层 k, $2k$, $3k$, …, $(n/k-1)k$, $(n/k)k$ 抛下第一颗球。假设第一颗球直到最后一次抛下才碎，这时我们抛第一颗球 n/k 次，随后将搜索区间$[(n/k-1)k+1, (n/k)k-1]$，在最坏情况下抛第二颗球 $k-1$ 次。也就是说，最坏条件下抛球合计 $n/k+k-1$ 次。

因此，我们希望找到一个 k，使 $n/k+k$ 的值最小。而当 k 等于 $\sqrt{n}$ 时该值最小（有时高中微分知识能派上用场！），而最坏情况下的抛球次数为 $2\sqrt{n}-1$。对于我们 128 层楼的例子，我们抛第一个球时应间隔 $\sqrt{128}=11$ 层楼。这时最坏情况下需抛球 21 次。我们对平方根的小数部分做了向下舍入（round down），做向上舍入（round up）也行。

21 次抛球，是我们的最优方案吗？我们假定了楼层均匀分布，如楼层 k，楼层 $2k$，楼层 $3k$ 等。其实仔细不均匀地分散楼层，可以进一步减少抛球的次数，使之小于 21。我们将在后面探究不均匀分散楼层的方法，现在我们先关注通用问题：设拥有 $d\geqslant 1$ 颗球、楼层数为 n，能否找出一个类似前面一颗球、两颗球的抛球策略，但随着球数的增加，要求所需的抛球次数减少？

5.2　d颗球的高效搜索

当我们只有一颗球时，$d=1$，我们没有其他选择，只能从一楼开始一层一层登楼抛球。而拥有两颗球时，根据前面的结论，从楼层 $\sqrt{n}$（即 $n^{1/2}$）开始抛球最优。那么，当我们拥有 d 颗球时，应该从楼层 $n^{1/d}$ 开始抛球吗？如果这颗球粉碎，应该怎样？

我们使用 r 来表示基数。当 $r=2$ 时，我们使用二进制表示，当 $r=3$ 时，我们使用三进制表示，等等。给定楼层数 n、球数 d，选择一个 r 使 $r^d>n$。所以如果 $n=128$ 且 $d=2$，将选择 $r=12$（将平方根的小数位向上舍入）。如果 $d=3$，将选择 $r=6$，因为 $5^3<128$ 且 $6^3>128$。假设我们下一个例子使 $d=4$，意味着当 $n=128$ 时 $r=4$。

我们思考一下位数为 d、基数为 r 的数字。当选择的 $r=4$，$d=4$ 时，最小的数字为 0000_4（十进制的 0），最大的数字为 3333_4（十进制的 255）。补充一下，在基数为 4 的四进制表示中，1233_4 这样的数字相当于十进制的 $1\times 4^3+2\times 4^2+3\times 4^1+3\times 4^0=111$。

我们在楼层 1000_4（即 64 楼）开始抛第一个球。如果球没有粉碎，我们登上楼层 2000_4（即 128 楼）抛球。如果球仍然没有粉碎，我们的工作便完成了。如果球粉碎了，我们只剩 3 颗球，但是只需搜索区间[1001_4, 1333_4]，也就是十进制的[65, 127]。从第一阶段球未粉碎的最高楼层开始，我们进入第二阶段。

在第二阶段中，我们使用第二颗球和基数 r 表示数字的左起第二位。假设第一颗球在第一阶段粉碎在楼层 2000_4 但未粉碎在楼层 1000_4。在第二阶段，我们将首先在楼层 1100_4（即 80 楼，处于区间[65, 127]）抛球。在第二阶段，我们仍持续递增基数 r 表示的数字的第二位并从相应楼层抛球。我们将按 1100_4, 1200_4, 1300_4 的顺序从对应楼层上抛球。同前面一样，我们将登上第二阶段中球未粉碎的最高楼层，进入第三阶段。作为例子，我们假设楼层为 1200_4，结合球在楼层 1300_4 抛下会粉碎，我们需要搜索的区间是[1201_4, 1233_4]，也就是十进制表示的[97, 111]。

在第三阶段，我们从楼层 1210_4 开始抛第三个球——基于第二阶段找到的楼层数，递增该表示中的左起第三位。1210_4 随后是 1220_4 和 1230_4。若球从楼层 1230_4 抛下会粉碎，意味着我们可以在楼层 1220_4 进入第四阶段，待搜索的区间为 [1221_4, 1223_4]，即十进制表示的[105, 107]。

在第四阶段，也就是最后的阶段，我们将在楼层 1221_4、1222_4、1223_4 分别抛第四个球，递增该表示中的第四位。如果球没有粉碎，我们将楼层 1223_4 作为报告结果。如果球在其中任何楼层抛下发生粉碎（如楼层 1223_4），我们将该楼层的下一层作为报告结果（如楼层 1222_4）。

我们最多抛球多少次？在每个阶段，我们最多抛球 $r-1$ 次。阶段数最多为 d，总计抛球次数最多为 $d \times (r-1)$。在我们的例子中，$r = 4$，$d = 4$，楼层数 $n = 128$，最多抛球 12 次！实际上，即使楼层数 $n = 255$，最多抛球次数也是 12 次。

我们需要一段交互式的程序来实现上述算法，对于任意的 n 和 d，帮助我们精确地算出抛球的楼层，从而高效地确定给定球的坚固系数。这个程序接受输入 n 和 d，告诉我们从哪层楼抛下第一颗球，然后根据抛球的结果——粉碎或未粉碎——输入程序，程序将返回一个新的楼层来抛（新的）球，或者返回坚固系数。程序只有在坚固系数得到确定时退出，并告诉我们需要抛球的最多次数。

下面是程序的代码：

```
1.    def howHardIsTheCrystal(n, d):
2.        r = 1
3.        while (r**d <= n):
4.            r = r + 1
```

```
5.         print('Radix chosen is', r)
6.         numDrops = 0
7.         floorNoBreak = [0] * d
8.         for i in range(d):
9.             for j in range(r-1):
10.                floorNoBreak[i] += 1
11.                Floor = convertToDecimal(r, d, floorNoBreak)
12.                if Floor > n:
13.                    floorNoBreak[i] -= 1
14.                    break
15.                print ('Drop ball', i+1, 'from Floor', Floor)
16.                yes = input('Did the ball break (yes/no)?:')
17.                numDrops += 1
18.                if yes == 'yes':
19.                    floorNoBreak[i] -= 1
20.                    break
21.        hardness = convertToDecimal(r, d, floorNoBreak)
22.        return hardness, numDrops
```

第 2～5 行确定需要采用的基数 `r`。我们会使用一组数字，每个数字的值在 `0` 到 `r - 1` 之间，作为楼层的表示。通过列表 `floorNoBreak` 保存 `d` 位数字表示，其最高位数字保存在列表的最左侧，也就是索引 `0`。在第 7 行初始化 `floorNoBreak` 的所有元素为 `0`。第 8 行面向 `d` 阶段开始外层 **for** 循环，第 9 行面向当前阶段内抛球的次数开始内层 **for** 循环。

在第 10 行，我们简单递增 `floorNoBreak` 对应当前阶段的数字。已知 `r**d` 可能远大于 `n`，我们需要检查避免从大于实际楼层数 `n` 的楼层抛球——这项检查位于 11～14 行。如果递增得到的楼层数高于实际楼层数 `n`，当前阶段便能够宣告结束，立即进入下一阶段。这就是第 14 行 **break** 语句所做的事情：循环结束迭代，立即执行循环后面的语句。在这里会继续执行第 8 行，因为退出的是内层 **for** 循环。注意每个 **break** 语句会打断包含它的最内层的循环，而外层循环仍正常继续。第 11 行调用了一个简单的函数（会在后面展示）将 `r` 进制转换为十进制。如果进入下一阶段，需要使 `floorNoBreak` 对应抛球未粉碎的最高楼层。这就是为什么退出内层的 **for** 循环前，在第 13 行先将 `floorNoBreak` 递减 `1` 的原因。

我们告知用户，在特定楼层上抛球，等待用户输入抛球的结果（第 15～16 行）。如果球没有粉碎，我们继续循环即可。如果球粉碎了，我们需要设置 `floorNoBreak` 为抛球未发生粉碎的最高楼层，这需要将数字递减 1，同前所述。跳出内层 **for** 循环

（第 20 行），进入下一阶段。

一旦执行完毕所有阶段，我们便可以通过 floorNoBreak（第 21 行）计算出坚固系数。

下面的函数 convertToDecimal 参数为基数 r、位数为 d 的列表表示，返回等价的十进制表示。

```
1.    def convertToDecimal(r, d, rep):
2.        number = 0
3.        for i in range(d - 1):
4.            number = (number + rep[i]) * r
5.        number += rep[d - 1]
6.        return number
```

如果按前面的例子运行这段程序：

```
howHardIsTheCrystal(128, 4)
```

按照下面斜体格式的一组用户输入的 yes/no，我们期望得到这样的执行结果：

```
Radix chosen is 4
Drop ball 1 from Floor 64
Did the ball break (yes/no)?:no
Drop ball 1 from Floor 128
Did the ball break (yes/no)?:yes
Drop ball 2 from Floor 80
Did the ball break (yes/no)?:no
Drop ball 2 from Floor 96
Did the ball break (yes/no)?:no
Drop ball 2 from Floor 112
Did the ball break (yes/no)?:yes
Drop ball 3 from Floor 100
Did the ball break (yes/no)?:no
Drop ball 3 from Floor 104
Did the ball break (yes/no)?:no
Drop ball 3 from Floor 108
Did the ball break (yes/no)?:yes
Drop ball 4 from Floor 105
Did the ball break (yes/no)?:no
Drop ball 4 from Floor 106
```

```
Did the ball break (yes/no)?:no
Drop ball 4 from Floor 107
Did the ball break (yes/no)?:yes
```

程序最终返回坚固系数为 106，抛球 11 次。

5.3　对两颗球减少抛球次数

在我们的算法中，抛球间隔的楼层是均匀分布的：$k, 2k, 3k$ 等。我们看一下这一假设错过的是什么。设 $n = 100$，有两颗球，坚固系数为 65，我们的算法分别在 11 楼、22 楼、33 楼、44 楼、55 楼、66 楼抛下第一颗球。如果第一颗球在 66 楼抛下粉碎，算法将在 56 楼、57 楼抛下第二颗球，直到 65 楼。如果球在 65 楼抛下没有粉碎，将报告坚固系数为 65。这样一来总计抛球 16 次。如果坚固系数为 98，则我们的算法需要总计 19 次抛球。

上面的例子显示，我们的算法并未完美遵循 $d = 2$ 时的策略。100 的平方根是 10，那么算法为什么选择 $k = 11$？如果选择基数 r 为 10，那么 2 位数字能表示的层数最高为 99，而非 100。因此，算法选择的基数是 11。[①]

最优的策略既不是 10，也不是 11——最优的策略需要非均匀地分布抛球楼层。仔细地、非均匀地分布抛球的楼层，能够将 100 层楼的建筑最多抛球次数减少至 14 次。若希望抛球次数最多为 k，在第一次抛球时，如果从第 k 层楼抛球且球粉碎，那么第二颗球最多需要抛 $k-1$ 次，便足够发现球会粉碎的最低楼层。如果第一颗球从第 k 层楼抛下没有碎，则下一次抛球将在楼层 $k+(k-1)$。为什么？如果球粉碎，我们需要 $k-2$ 次抛球来发现球会粉碎的最低楼层。这样一来，最多需要 k 次抛球，第一颗球抛下 2 次，而第二颗球抛下 $k-2$ 次。

像这样，我们可以将 k 与建筑楼层数 n 关联起来：

$$n \leqslant k + (k-1) + (k-2) + (k-3) + \cdots + 2 + 1$$

这意味着 $n \leqslant k(k+1)/2$，若 $n = 100$，则 $k = 14$。我们应当分别从 14 楼、27 楼、39 楼、50 楼、60 楼、69 楼、77 楼、84 楼、90 楼、95 楼、99 楼、100 楼抛球。例如，如果在 99 楼第 11 次抛下第一颗球时粉碎，那么在最坏条件下，我们会在 96 楼、97 楼和 98 楼抛下第二颗球。

① 出于相似的原因，在 128 层楼、两颗球的条件下，算法将 128 的平方根的小数位向上舍入得 12。不过这一选择在最坏条件下需要 21 次抛球，得出坚固系数为 119。

5.4　习题

习题 1　如果运行 `howHardIsTheCrystal(128, 6)`，可见：

```
Radix chosen is 3
Drop ball 2 from Floor 81
```

首次抛球使用了 2 号球。$2^6 < 128$，因此选择 $r = 3$。3^6 大于 128，$3^5 = 243$ 同样也大于 128。我们的算法跳过了第一颗球，因为我们的表示法中第一位总是为 0。修正代码，使它移除不必要的球，正确地告知用户实际使用的球数。修改后的程序，应当总是在某一楼层抛下 1 号球。

习题 2　修改代码，打印出粉碎的球的号码。

习题 3　修改代码打印出当前的楼层区间。最初，区间为`[0, n]`。随着抛球结果的输入，区间不断变小。你的代码应在用户每次输入结果之后，打印新的区间。难度系数对应最后的区间，且区间范围为 1 层楼。

谜题 6

寻找假币

本谜题涵盖的程序结构和算法范型：条件分析、分治。

有许多流行谜题都是关于在仅有一把称重天平的条件下，怎样在一组硬币中找出伪造的硬币。一种变体是这样的：在 9 个看起来完全相同的硬币中找出一枚假币。已知假币比其他硬币更重，你的目标是最小化称量次数。

这些硬币看起来完全相同，假币只比其他硬币略重。因此，如果你在天平的任何一侧放置不同数量的硬币，天平都会显示两侧不平衡（天平如图 6-1 所示）。

图 6-1

你需要多少次称量呢？

给出 9 枚硬币，其中有 8 枚完全相同，另外 1 枚稍重，我们可以设想任意选择一枚硬币，将其他与其他 8 枚硬币分别进行比较。这能保证在 8 次称量中找到假币。

但是，通过聚合（aggregate）硬币并比较这些硬币集合，我们可以做得更好。与上述迭代解法每次排除一枚硬币的做法不同，我们可以通过一次称量排除许多硬币。我们使用的策略属于“分治”（divide-and-conquer）方法的范畴，它可以用于解决诸多谜题和其他问题。

6.1 分治

假设我们从 9 枚硬币中选出 4 枚硬币，并将其分成两对。如果对这两对硬币进行称量，那么将有 3 种可能。

（1）这两对硬币重量相等。表示这 4 枚硬币中没有假币，假币在剩余的 5 枚硬币当中。

（2）第一对硬币更重。表示这组硬币中有一枚是假的。我们可以通过比较第一对中的硬币来确定哪一枚是假币。

（3）第二对硬币更重。这种情况类似于上面的第 2 种情况。

在第 2 种和第 3 种情况中，可以通过两次称量来确定假币。

在第 1 种情况中，经过一次称量后剩余 5 枚硬币，其中一枚是假币。我们从 5 枚硬币中任意挑出 4 枚硬币，重复上面的过程。第二次 2 枚对 2 枚的称量会产生 3 种情况，就像第一次一样。我们将这些情况称为情况 1.1、情况 1.2 和情况 1.3。1 代表第一次称量的结果，而后缀.1、.2、.3 代表第二次称量产生的可能情况。

在第二次称量中，如果这两对硬币重量相等——情况 1.1，那么毫无疑问假币是我们没有挑选的硬币，在两次称量中找到假币。

情况 1.2，即第一对硬币较重。两次称量后，我们还没有发现假币，仍然需要将一枚硬币和另一枚硬币进行比较，第三次称量将告诉我们哪一枚是假币。相同的分析对情况 1.3 也适用。最糟糕的情况是称量 3 次找到假币，这比称量 8 次好得多，但是这是最优解吗？

假设从最初的 9 枚硬币中拿出两组，每组 3 枚硬币，然后比较它们的重量。和之前一样，有 3 种情况。

（1）两组硬币重量相等。表示这 6 枚硬币中没有假币，假币在剩下的 3 枚硬币当中。

（2）第一组硬币更重。表示这组硬币中有一枚是假币。

（3）第二组硬币更重。此种情况类似于上面的第 2 种情况。

这种分治策略更加对称。在所有的 3 种情况中，都可以确定出一组硬币（3 个硬币）中是否有假币存在。仅用这一次称量，便把将我们需要处理的硬币数量从 9 枚减少到 3 枚。如果我们将这 3 枚硬币分成 3 组，每组一枚硬币，重复整个过程，则第二次称量结束后就可以找到假币。

假设我们有 9 枚硬币，编号从 0 到 8，其中 4 号硬币是假的。我们将硬币 0、1、2 和硬币 3、4、5 做比较，发现 3、4、5 更重。这就是上面的情况 3。随后将硬币 3 和 4 比较，发现 4 更重，因此硬币 4 是假币。

6.2 递归分治

如果你有超过 9 枚硬币会怎样呢？假设我们有 27 枚硬币，其中有一枚是稍重的假币。我们将硬币分为 3 组，每组 9 枚硬币。我们遵照上面的策略，找到稍重的那组（9 枚）硬币。这组 9 枚硬币中有 1 枚为假币，我们刚才已通过两次称量解决了这个问题。所以相对于在 9 枚硬币中找到一枚假币，在 27 枚硬币中找到假币只需增加一次称量。正如你所见，分治策略非常强大，我们在各种谜题中都会回到它身上，包括下一道谜题。

现在，我们编写程序来解决寻找假币这一谜题。在这个从真实的物理世界迁移到虚拟的计算机程序世界的特定例子里，我们只能假装自己不能做到某些其实能做到的事情，后面会详述这一点。

给定硬币组，我们可以比较两组硬币来确定哪一组更重或者它们是否重量相等。下面是比较重量的函数：

```
1.    def compare(groupA, groupB):
2.        if sum(groupA) > sum(groupB):
3.            result = 'left'
4.        elif sum(groupB) > sum(groupA):
5.            result = 'right'
6.        elif sum(groupB) == sum(groupA):
7.            result = 'equal'
8.        return result
```

函数 **sum** 将参数列表中的所有元素相加并返回总和。函数 compare 告诉我们是左侧较重、右侧较重还是两侧同样重。注意，第 6 行代码使用了 **elif**，这里使用 **else** 也行。如果 **if**（第 2 行）和第一个 **elif**（第 4 行）中的断言不为真，那么表示两组硬币重量相等。第 6 行代码使用了 **elif** 来明确指出这种情况对应于两组硬币重量相等。

给出一个硬币的列表，我们可以将列表拆分为等大的 3 组。假设以下函数的参数列表中的硬币个数为对应于某 n 的 3^n。

```
1.    def splitCoins(coinsList):
2.        length = len(coinsList)
3.        group1 = coinsList[0:length//3]
4.        group2 = coinsList[length//3:length//3*2]
5.        group3 = coinsList[length//3*2:length]
6.        return group1, group2, group3
```

第 3～5 行代码使用整除与 Python 中的切片操作，将列表拆分成 3 个不同的子列表。运算符//为整除，如 1//3 = 0、7//3 = 2、9//3 = 3 和 11//3 = 3。回想一下，如果有 b = a[0:3]，意为将 a 中的前 3 个元素复制到列表 b 中，其长度会是 3（假设列表 a 的长度至少为 3）。第 3～5 行代码将列表 coinsList 的前三分之一复制到 group1 中，中间三分之一复制到 group2 中，最后三分之一复制到 group3 中。第 4 行代码是最复杂的，如果列表长度为 9，那么 length//3 = 3， length//3*2 = 3*2 = 6，因为//运算符优先级高于*。

所有的子列表都会被返回（第 6 行）。

下面的函数执行一次比较，即一次称量（第 2 行），并根据结果确定哪组有假币。该函数假设假币比其他硬币更重，而其他硬币均重量相等。

```
1.    def findFakeGroup(group1, group2, group3):
2.        result1and2 = compare(group1, group2)
3.        if result1and2 == 'left':
4.            fakeGroup = group1
5.        elif result1and2 == 'right':
6.            fakeGroup = group2
7.        elif result1and2 == 'equal':
8.            fakeGroup = group3
9.        return fakeGroup
```

如果左侧较重（第 3 行），则第一组包含假币（算法情况 2）。如果右侧更重（第 5 行），则第二组包含假币（算法情况 3）。如果两侧重量相等（第 7 行），则假币在第三组中（情况 1）。请注意，我们在第 7 行再次使用了 **elif**，这里使用 **else** 也同样可以。

现在我们准备编写分治算法，在含有 3^n 枚硬币的列表中找到假币，这些硬币的重量包含在参数 coinsList 中。

```
1.    def CoinComparison(coinsList):
2.        counter = 0
3.        currList = coinsList
4.        while len(currList) > 1:
5.            group1, group2, group3 = splitCoins(currList)
6.            currList =  findFakeGroup(group1, group2, group3)
7.            counter += 1
8.        fake = currList[0]
9.        print ('The fake coin is coin',
                 coinsList.index(fake) + 1,
```

```
                    'in the original list')
10.         print ('Number of weighings:', counter)
```

第 2 行初始化变量 counter，用于统计要执行的称重次数。第 3 行简单地创建对 coinsList 的新引用，用于指向当前关注的硬币集合。第 4～7 行对应于分治策略，每次迭代将 coinsList 的长度缩小为原来的三分之一。当 currList 的长度为 1 时，我们就找到了假币。算法就像之前所描述的一样，通过函数 splitCoins 将硬币分成 3 组，然后通过比较 group1 和 group2 来确定假币属于哪一组。

第 8 行退出了 **while** 循环，这意味着此时 **len**(currList) 为 1（假设它就是开始时任意 n 对应的 3^n）。随后我们打印出假币在 coinsList 的位置和 counter 记录的称量次数。

假设有以下 coinsList 中的一组硬币：

```
coinsList = [10, 10, 10, 10, 10, 10, 11, 10, 10,
             10, 10, 10, 10, 10, 10, 10, 10, 10,
             10, 10, 10, 10, 10, 10, 10, 10, 10]
```

如果运行

```
CoinComparison(coinsList)
```

会得到

```
The fake coin is coin 7 in the original list
Number of weighings: 3
```

假币是怎样被找到的呢？在调用 findFakeGroup 的第一次称量中，我们将 coinsList 的第 1 行的 9 枚硬币（group1）和第 2 行的 9 枚硬币（group2）进行比较。天平返回'left'，因此被选中的那组是 group1。在下一次称量中，coinsList 中的第 1 行的前 3 枚硬币和接下来的 3 枚硬币进行比较。由于两者相等，因此 findFakeGroup 会返回 group3，即最后 3 枚硬币。最后一次称量比较假币与真币，返回'left'，从而找到了假币。

我们可以查看 coinsList 中的每个元素，通过扫描列表并比较数值来确定哪一枚硬币最重。然而在最坏的情况下，这需要查看每枚硬币且比较数值，找出一枚数值和其他硬币均不相同的硬币。我们的分治算法旨在最大限度地减少比较次数，因为在这道谜题中假定使用天平称重代价高昂。例如，coinsList 可能是一个需要很大开销才能访问的数据结构，因为它存储在一台远端的计算机上。这台远端计算机能做的事情就是比较你指定的硬币组并且告诉你哪组更重。本地计算机与远端计算机之间的信息传输代价高昂，需要尽量减少。

如果在函数 findFakeGroup 中你不知道假币是更重或者更轻，那该怎么办呢？我们需要编写一个函数 findFakeGroupAndType。下面是针对 result1and2 == 'left' 情况下需要做的事情，即 findFakeGroupAndType 中 group1 比 group2 更重的情况。其他情况也需要类似的修改。

```
1.      if result1and2 == 'left':
2.          result1and3 = compare(group1, group3)
3.          if result1and3 == 'left':
4.              fakeGroup = group1
5.              type = 'heavier'
6.          elif result1and3 == 'equal':
7.              fakeGroup = group2
8.              type = 'lighter'
```

当 group1 比 group2 更重时，比较 group1 和 group3（第 2 行）。如果 group1 比 group3 更重，显然 group1 中包含假币，假币比真币更重。如果 group1 和 group3 重量相等（第 6 行），那么 group2 中包含假币，假币比真币更轻。

注意，如果只有一枚假币（不管更轻还是更重），那便不可能有 result1and3 == 'right'，因为这意味着 group1 比 group2 更重，group3 比 group1 更重，按传递律，也比 group2 更重，这与我们假设的相矛盾，因为确定只有一枚假币且两组硬币的重量相等。

幸运的是你只需要在开始时做一次额外的工作。在两次称量中，你找到了一个硬币组，该组的大小是给定的硬币集合的三分之一，并且你知道了该组中的假币是更重还是更轻。那你便可以像之前一样继续了。当然，如果我们知道假币更轻，那么我们需要让函数 findFakeGroup 返回不同的组，而该函数之前假设假币更重。

因此，如果你有 3^n 枚硬币，其中有一枚为假币，但你不知道假币更轻还是更重，那么你只需要 $n+1$ 次称量来找出假币。本谜题的习题之一，便是实现这里描述的策略。

6.3　三进制表示

非十进制数字表示在水晶球谜题（谜题 5）中曾非常有帮助！很自然，你会问这样的表示能否用来解决这里的假币问题。假设我们有 3^n 枚硬币，可使用三进制表示法，将硬币按三进制表示从 0 到 $3^n - 1$ 进行编号。如果 $n = 4$，那么第一枚硬币编号为 0000，最后一枚硬币编号为 2222。在第一次称量中，我们将简单选取 3 组硬币，每组的第一个数字分别对应 0、1、2。第一次称量中的每组有 9 枚硬币。假设我们确定假币在第一个数字为 2 的硬币组中。在第二次称量中，我们选择 3 组硬币，每组前两个数字分别是 20、21、22。4 次称量能确定所有的 4 个数字，如 2122，这表示我们已经缩小到 1 枚硬币，找到了假币。

6.4 称量谜题一个流行的变体

假设我们有 12 枚硬币，它们看起来完全相同，但是有一枚是假币并且比其他硬币略重或者略轻，你不知道哪枚是假币。你能使用最多 3 次称量来找到假币吗？这个问题显然比 9 枚硬币谜题更难，因为硬币数更多。我们的算法对 9 枚硬币进行 3 次称量。你将不得不比较不同数量的硬币并重复称量一些硬币。

6.5 习题

习题 1 本谜题的代码假设有一枚硬币比其他硬币略重。给定一个硬币列表，如果里面所有的硬币重量相同，则此代码会声称硬币 1 是假币。修改代码，使其能正确执行，说明没有任何硬币是假币。

难题 2 编写 `CoinComparisonGeneral`，它可以不假设假币更重便能确定哪一枚是假币，就像当前代码所做的那样。这将涉及 `findFakeGroupAndType` 中为 `result1and2` 填写另外两种情况，然后为第一段分片（split）调用 `findFakeGroupAndType`，为剩余的分片调用 `findFakeGroupHeavier` 或者 `findFakeGroupLighter`。给出的过程 `findFakeGroup` 假设假币更重，你需要写一个伙伴过程，让它假设假币更轻并返回合适的硬币组。你的代码也应当处理没有假币的情况。

习题 3 假设有两枚假币，它们看起来和其他硬币完全相同但比其他硬币更重。修改 `CoinComparison`，找到其中一枚假币（两个假币中的任意一个）。注意，如果你有两组硬币，每组都有一枚假币，天平将会显示这两组硬币重量相等。如果你选择了第三组硬币（不在比较范围中），你将会错过找到这枚假币。在修改过的代码中，不要为正确计算称量次数而费心。

谜题7

跳到平方根

本谜题涵盖的编程构造与算法范型：浮点数和算术、面向连续域的折半查找和面向离散域的二分搜索。

你被请求找出一组数字的平方根。有些学生曾在中学学习过类似长除法（long division）的方法来计算平方根，我们在这里用到的方法与长除法完全不同。

7.1 迭代查找

如果已知数字 n 是完全平方数（perfect square），可以尝试从 1 开始求平方，如果平方小于 n，则递增到 2，重复，直至找到平方根 a 使之满足 $a^2 = n$ 后退出。这一“猜测并检查”的方法工作良好，尤其是在快速的现代计算机上。但是它也存在局限，后续将会看到。不过我们先看一下下面的“猜测并检查”的代码：

```
1.    def findSquareRoot(x):
2.        if x < 0:
3.            print ('Sorry, no imaginary numbers!')
4.            return
5.        ans = 0
6.        while ans**2 < x:
7.            ans = ans + 1
8.        if ans**2 != x:
9.            print (x, 'is not a perfect square')
10.           print ('Square root of ' + str(x) +
                     ' is close to ' + str(ans - 1))
11.       else:
12.           print ('Square root of ' + str(x) + ' is ' + str(ans))
```

第 1 行定义了一个函数，它只有一个参数 x。第 2～4 行在执行前检查 x >= 0。其中重要的代码位于第 5～7 行的 **while** 循环。它首先初始化猜测的 ans 为 0，然后对 ans 求平方——你可能已经想到了，**就是乘方运算符——检查平方是否小于 x，如果小于，则进入 **while** 循环体（第 7 行），其中递增 ans（即 ans 加 1）。当 ans**2 >= x 时，退出 **while** 循环，进入第 8 行。

如果 ans 的平方恰好等于 x，我们便发现了完全平方数 x 的平方根，也就是整数平方根。如果不等于，我们找到的结果满足(ans-1)**2 < x < ans**2。为什么会这样？当我们最后一次进入执行 **while** 循环体（第 7 行）时，在执行递增前 ans 的平方仍然小于 x，不然便不会进入循环体了。然而一旦递增 ans，循环条件不再为 **True**，因此将退出循环，执行第 8 行。

如果运行 findSquareRoot(65536)，可得：

```
Square root of 65536 is 256
```

如果运行 findSquareRoot(65535)，可得：

```
Square root of 65535 is close to 255
```

假设我们想得到比 255 更接近 65535 实际的平方根。若允许根带小数部分，平方根为 255.998046868，其实这一数值比 255 更接近 256。你可能会想，我们可以简单修改程序使第 10 行的 str(ans - 1)改为 str(ans)，便可以报告 256。但是执行 findSquareRoot(65026) 的话，报告 ans - 1 = 255 仍比 256 更接近 65026 的平方根。

我们需要修改第 5～8 行的 **while** 循环，递增一个远小于 1 的数字。下面的代码允许用户来决定平方根的误差值是多少，以及每次猜测递增的数字多大。

```
1.    def findSquareRootWithinError(x, epsilon, increment):
2.        if x < 0:
3.            print ('Sorry, no imaginary numbers!')
4.            return
5.        numGuesses = 0
6.        ans = 0.0
7.        while x - ans**2 > epsilon:
8.            ans += increment
9.            numGuesses += 1
10.       print ('numGuesses =', numGuesses)
11.       if abs(x - ans**2) > epsilon:
```

```
12.             print ('Failed on square root of', x)
13.         else:
14.             print (ans, 'is close to square root of', x)
```

这段代码与第一版相比有几个变化。当得到的结果误差在 epsilon 以内时，会退出程序，可见第 7 行 **while** 循环的入口条件不同。递增时，按函数调用指定的参数 increment 进行递增。我们同时增加了逻辑来统计猜测的次数，也就是 **while** 循环的迭代次数。这会对随后的性能分析有帮助。

最后一个要点是第 11 行的函数 **abs**，会用于求取参数的绝对值。我们不希望找到的平方根 ans 的平方大于或者小于 x 超过 epsilon 值。平方怎么会偏大呢？最后一次进入 **while** 循环时，ans**2 显然是小于 x 的，然而当 ans 再一次递增 increment 之后，有可能使 ans**2 大于 x，甚至相比 x 的差值大于 epsilon。如果我们为 increment 选择了一个太大的值，就可能发生这种情况，我们会在下面对此进行演示。

如果代码按不同的参数调用运行，会得到下面的结果：

```
>>> findSquareRootWithinError(65535, .01, .001)
numGuesses = 255999
Failed on square root of 65535
>>> findSquareRootWithinError(65535, .01, .0001)
numGuesses = 2559981
Failed on square root of 65535
>>> findSquareRootWithinError(65535, .01, .00001)
numGuesses = 25599803
255.99803007 is close to square root of 65535
```

在每次运行时，误差值 epsilon 皆设置为 0.01。最初几次运行失败了，因为 **while** 循环“跳过”了结果。在循环的最后的一次迭代中，**while** 条件最后一次为 **True**，x - ans_0**2 大于 epsilon，其中 ans_0 表示循环条件判断为 **True** 时的变量 ans。在循环中，变量 ans 按 increment 递增。到这里，如果

$$x - (ans_0 + increment)^{2} < - epsilon$$

或者

$$(ans_0 + increment)^{2} - x > epsilon$$

程序就失败了。如果为 increment 选择一个足够小的值，便能够按足够好的精度遍历各个结果，直到找到一个平方根，使其差值小于 epsilon。很遗憾，这一设置有坏处，

会使程序的运行时间变长——猜测的次数是运行时间的替代物，一次成功的查找需要2500万次猜测。

假设 `x >= 1`，令平方根的初始查找空间为[0, x]。目前为止，我们将查找空间划分为多个“槽”（slot），每个槽的宽度为 `increment`。因此查找的总槽数为 `x/increment`。我们猜测平方根可能在某个槽中，如果该槽中不存在，则寻找下一个槽，如此重复。`increment` 越小，运行时间越长。

注意一点：在检查浮点数是否相等时请务必小心。你以为相等的两个数值很可能并不相等！例如，在大多数机器上使用 Python 3.5 和 IDLE，`0.1 + 0.2` 得到的是 `0.30000000000000004`。这会导致像这样令人震惊的结果：

```
>>> x = 0.1 + 0.2
>>> x == 0.3
False
```

在我们的代码中并没有对浮点数做严格的相等检查，因此我们避开了这一行为。一般而言，最好遵循这条规则。

我们也可以使用与前面寻找假币相似的方法，来大大减少运行时间。分治算法允许通过 n 次称重在 3^n 枚硬币中找出假币，同样的算法也可以应用到这里，虽然会通过一个不同的、甚至不显眼的形式。

你可以想出一种能改进运行时间的方法吗？

7.2 折半查找

这是关键的思路：如果有一个特定的猜测，设为 a，而且已知 $a^2 > x$，那就再不需要检查大于 a 的猜测。同样，如果有一个特定的猜测 a，且 $a^2 < x$，那我们也不需要检查小于 a 的猜测。相对于顺序地、一槽一槽地查找，为什么不缩小检查的范围[0, x]？在前面两种情况下，分别可以缩小范围为[0, a]和[a, x]。

基于实验结果缩小查找空间，如果对这一思路感到熟悉，可能因为你看了谜题5（水晶球谜题）和谜题6（假币谜题）。

我们应该猜测 a 的值是多少？猜测0与 x 中间的值是合理的。同样，当我们已得到范围[0, a]或者[a, x]之后，从两个极值中取中间值是合理的。这就是折半查找（bisection search）的做法，代码如下：

```
1.   def bisectionSearchForSquareRoot(x, epsilon):
2.       if x < 0:
3.           print ('Sorry, imaginary numbers are out of scope!')
4.           return
5.       numGuesses = 0
6.       low = 0.0
7.       high = x
8.       ans = (high + low)/2.0
9.       while abs(ans**2 - x) >= epsilon:
10.          if ans**2 < x:
11.              low = ans
12.          else:
13.              high = ans
14.          ans = (high + low)/2.0
15.          numGuesses += 1
16.      print ('numGuesses =', numGuesses)
17.      print (ans, 'is close to square root of', x)
```

第 9～14 行与折半查找相关。最初的区间是[low, high]，我们猜测 ans 是这一区间的中点。根据平方根的不同位置，我们移动到[low, ans]或者[ans, high]。随后我们将基于新区间的中点，做下一轮猜测。

使 x 为 65535 且 epsilon 为 0.01，运行代码

```
bisectionSearchForSquareRoot(65535, .01)
```

可以得到

```
numGuesses = 24
255.998046845 is close to square root of 65535
```

通过 24 次猜测（**while** 循环的迭代次数），得到的结果在前 4 位小数的精度上与刚才顺序查找 2500 万次得到的结果相同。两个结果都是正确的，因为结果的平方与 65535 的差在 epsilon = 0.01 之内。这是惊人的提升，让人想起前面通过 n 次称量做到在 3^n 枚硬币中找出假币的做法。每次猜测，我们都将查找空间分成两半，经过 24 次猜测之后，剩余的查找空间只有原本[0, 65535]的 $1/2^{24}$。$65535/2^{24}$ 小于 0.01，因此在 24 次分割之后结果得到收敛！

随着我们的猜测，区间是怎样逐步缩小的？最初区间是[0.0, 65535.0]，猜测是(0.0 + 65535.0)/2 = 32767.5。这显然太大了，因此将区间缩小到[0.0, 32767.5]。区间持

续缩小，直至缩小到[0.0, 511.9921875]，此时猜测为 255.99609375。这一猜测又偏小，因而区间变为[255.99609375, 511.9921875]。对这一区间的猜测为 383.994140625，又偏大。经过更多的几轮迭代，猜测降为 255.99804684519768，而它处于误差范围内，循环终止。

7.3 二分搜索

平方和正平方根函数有单调性，因此适用于折半查找。这意味着如果数字 $x > y \geq 0$，那么 $x^2 > y^2$。这样一来，只要我们猜测的 a 满足 a**2 > x，那么我们便不需要猜测大于 a 的其他数字。在谜题 5——水晶球谜题中，我们依赖了一个非常类似的性质：假设如果球从楼层 f 抛下发生粉碎，那么这颗球（或者同样的另一颗球）从更高的任何楼层抛下肯定也会粉碎。相似地，如果球从楼层 f 抛下未粉碎，那么从更低的任何楼层抛下也不会粉碎。

对连续变量做折半查找的思路，与离散变量的二分搜索（binary search）密切关联，接下来我们看一下二分搜索。

我们有一个数字列表，想知道某一个数字是否存在于这一列表中。若我们编写：

```
member in myList
```

意思是检查 member 是否包含于 myList。这是怎样做到的？一个方法是按顺序检查 myList 中的每项条目，检查该条目是否等于 member，如下面的代码：

```
1.    NOTFOUND = -1
2.    Ls = [2, 3, 5, 7, 11, 13, 17, 19, 23, 29, 31, 37, 41, 43, 47,
              53, 59, 61, 67, 71, 73, 79, 83, 89, 97]

3.    def lsearch(L, value):
4.        for i in range(len(L)):
5.            if L[i] == value:
6.                return i
7.        return NOTFOUND
```

lsearch(Ls, 13)会返回 5，因为 Ls[5] = 17。回忆一下 Python 列表的索引从 0 开始。

如果调用 lsearch(Ls, 26)得到的将是 NOTFOUND。在最坏的情况下——数字未存在于列表 L 中——我们需要遍历所有 **len**(L)个条目。上面在 **for** 循环中递增变量 i

的做法，与前面 findSquareRootWithinError 的迭代查找中递增 increment 的做法十分相似。

当查找数字或者判断数字在列表中不存在时，可以做得更好——也就是检查更少的条目。如果列表有序，像例子中 L 这样，会好得多。

有序性确保了单调递增的性质（听起来感到熟悉？），因此我们可以通过二分搜索来利用它的单调递增。下面的例子主要面向 L 执行操作，其中参数名字 L 与前面的算法使用的名字 L 保持一致。

（1）当查找 26 时，首先查看列表的中点，即 L[12]，其值为 41。因为 41 > 26，我们得知 26 不可能位于 41 之后的列表部分。如果它包含于列表 L，则它的索引应当位于 11 或更小。

（2）接下来查看 L[5]，其值为 13。因为 13 < 26，所以接下来要检查的是 L[7] 到 L[11]之间。

（3）查看 L[8]，其值为 23。因为 23 < 26，所以接下来要检查的是 L[9]到 L[11] 之间。

（4）查看 L[10]，其值为 31。因为 31 > 26，所以接下来要检查的索引小于 10。

（5）现在只剩 L[9]可检查，其值为 29。这意味着搜索的值并未存在于该列表，返回 NOTFOUND。

这里不必依次检查 25 项 L[i]条目得出 26 不属于列表 L，只需要检查 5 项不同的 L[i]条目。对于一般的列表 L，在最坏情况下我们只需要检查 $\log_2$ **len**（L）次，便能够找出数字的索引或者判断出它不存在于列表。取大于 **len**(L) = 25 且最接近 25 的 2 的幂，也就是 32，可得 $\log_2 32 = 5$。

我们看另一个例子，假设数字 29 存在于列表 L 之中。

（1）检查列表的中点 L[12]，其值为 41，且 41 > 29。

（2）检查 L[5]，其值为 17，且 17 < 29。

（3）检查 L[8]，其值为 23，且 23 < 29。

（4）检查 L[10]，其值为 31，且 31 > 29。

（5）检查 L[9]，其值为 29，随后返回索引 9。（注意，前面 L[9]的值为 28 而非 29，因此我们返回 NOTFOUND，因为查找过程结束于 L[9]。）

下面是对有序列表执行二分搜索的代码：

```
1.    def bsearch(L, value):
2.        lo, hi = 0, len(L) - 1
3.        while lo <= hi:
4.            mid = (lo + hi) // 2
5.            if L[mid] < value:
6.                lo = mid + 1
7.            elif value < L[mid]:
8.                hi = mid - 1
9.            else:
10.               return mid
11.       return NOTFOUND
```

如你所见，这与折半查找的代码非常接近。查找区间从整个列表（第 2 行）开始，表示为 `lo` 与 `hi` 两个索引。**while** 循环从第 3 行开始，只要查找区间至少仍剩一项条目，就继续查找。如果 `L[mid]`的值等于我们要查找的值，就返回它。当 `lo` 等于 `hi` 时，查找区间将只剩一项条目，将执行最后一轮循环迭代——要么找到值，要么 `lo` 大于 `hi`。

最后，注意 `mid = (lo + hi)//2` 为整数，会移除值的小数部分。所以如果 `lo = 7` 且 `hi = 8`，将得到 `mid = 7`。`bsearch` 代码前的两个例子满足这一执行过程。

7.4 三分搜索

二分搜索会在每次比较时将查找区间一分为二。给出区间`[0, n - 1]`，我们会首先查找 `L[n//2]`的值，判断后续将查找的区间是`[0, n//2 - 1]`还是`[n//2 + 1, n - 1]`。我们也可以检查两个位置，如`L[n//3]`和`L[2n//3]`，根据两次比较选择出原始区间的三分之一的区间供下一轮查找。二分搜索在最坏情况的比较次数为 $\log_2 n$，而三分搜索的比较次数为 $2\log_3 n$，反而更大。在假币谜题（谜题 6）中，三分搜索是有用的，因为只需要称量（比较）一次，就能够将硬币的数量缩减为原来的三分之一。

7.5 习题

习题 1 在 `x = 0.25` 或者任意 `x < 1 - epsilon` 时，折半搜索程序会出错，也就是不能停止执行。你能定位修正它吗？

提示：思考一下 0.25 的平方根是多少，以及程序查找的范围是什么。

习题 2　修改过程 `bsearch`，多加一个参数：查找区间小于多少时，执行迭代顺序查找。当前的过程会持续二分搜索直到找到元素。实际上，当区间`[lo, hi]`的长度`hi - lo`小于某特定长度时，不分割区间直接在区间内使用顺序查找反而可能更快。

习题 3　修改折半查找程序，使它能找出函数 $x^3 + x^2 - 11$ 的平方根，使之满足特定精度范围（如 0.01）。你需要从一个过零区间（如[−10, 10]）开始。

谜题 8

猜猜谁不来吃晚餐①

本谜题涵盖的程序结构和算法范型：列表拼接、穷举法和组合编码。

你有一个广泛的社交圈，热衷娱乐。但可惜的是，并非所有的朋友都相互喜欢——实际上，部分朋友非常不喜欢彼此。当你举办晚宴时，你想确保不要爆发任何冲突。因此，你不希望邀请到有可能陷入争吵或打架的一对朋友，而把聚会给毁掉。但是到场的朋友多多益善，所以你想邀请尽可能多的朋友。

为了感受你所面对的难题，我们将你的社交圈表示为一张图。图中的每个顶点表示你的一位朋友。图中点与点之间存在边。如果 Alice 不喜欢 Bob，那么顶点 Alice 与 Bob 之间将存在一条边。请注意，Bob 有可能（秘密地）喜欢 Alice，也有可能他们两人相互不喜欢，但是不管怎样，你不想让 Alice 和 Bob 同时出现在你家里。顶点 Alice 与 Bob 之间的边表示其中一人不喜欢另一人，或者他们两人互相不喜欢。

假设你现在的社交圈如图 8-1 所示。

可能到场的客人总数是 5。但是图 8-1 中有两条边，代表着“不喜欢”关系。你不能同时邀请 Alice 和 Bob，也不能同时邀请 Bob 和 Eve。不喜欢关系没有传递性，在上面的例子中，Alice 不喜欢 Bob，Bob 不喜欢 Eve，但是 Alice 没有不喜欢 Eve，Eve 也没有不喜欢 Alice。如果 Eve 不喜欢 Alice，或者相反，那么 Eve 和 Alice 之间会有一条边。喜欢或不喜欢是不可预测的，就像在现实生活中的社交圈一样。

Cleo 和 Don 是显而易见的选择，因为他们不排斥任何将要被邀请的人。如果邀请了 Bob，你就不能邀请 Alice 和 Eve。但是若不邀请 Bob，你可以邀请你的 4 位朋友：Cleo、Don、Alice 和 Eve。这是你在当前社交圈中能邀请参加晚宴的最

① 标题改自 1967 年 Columbia Pictures 的经典电影《Guess Who's Coming to Dinner》。

多人数。

给定一个任意复杂的社交圈（如图 8-2 所示），你能否想出一个算法，总能找出最多的互相友善的朋友来共进晚餐吗？

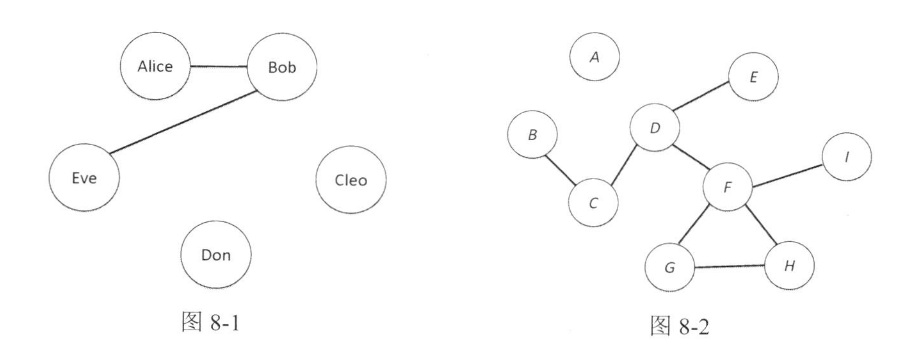

图 8-1　　图 8-2

8.1　第一次尝试

我们首先尝试的方法称为“贪心法”。对于这道谜题，贪心算法会优先选取不喜欢数量最少的客人，也就是拥有最少连接边的人。一旦一位客人被选取，那么该客人不喜欢的所有客人都会被排除在考虑之外。整个过程会持续到所有的客人被选取或被排除为止。

对于第一个例子，贪心算法会挑选出 Cleo 和 Don（没有连接边），没有客人被排除。然后，它会挑选出 Alice 或 Eve，他们每个人各有一条连接边，而 Bob 有两条连接边。选出 Alice 或 Eve，意味着排除 Bob，其他没被挑选的客人保留，仍可以被挑选。图 8-3 所示是贪心法可能生成的一种最大化选择的序列。

现在我们考虑下面的问题。一些点（客人）有两条边，贪心算法可以轻易选择 *C*。

如图 8-4 所示，如果贪心算法选择 *C*，则 *B* 和 *D* 将会被排除在外。之后，它只能选择 *A*、*E* 和 *F* 其中的一位，产生一个只有两位客人的解决方案。然而最大化选集其实有 3 位客人，即 *B*、*D* 和 *F*。

贪心算法并不能保证适用于我们的谜题。我们会在本书的其他谜题中，讨论使用贪心算法是否有效。

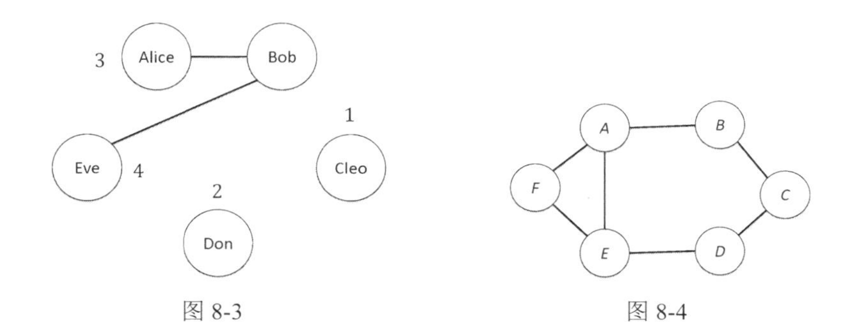

图 8-3　　图 8-4

8.2 始终寻找最大选择

下面是一种可确保得到最优解的穷举法。

（1）忽略所有不喜欢关系，生成所有参加晚宴客人的组合。

（2）检查所有组合，判断其中是否存在一对互相不喜欢的人，删除这些组合。

（3）在剩余的可行组合中，找出人数最多的组合，这便是最优解。人数最多的组合可能有多个。

以前面 5 个人的社交圈为例，我们执行一遍上述步骤。

（1）给定 n 位客人，我们可以选择邀请或不邀请其中的每位客人。每位客人对应两种选择，因此有 2^n 种不同的组合。其中一种组合是邀请所有的客人，也有一种组合是任何客人都不邀请。你的社交圈 $n = 5$，因此存在 32 种不同的客人组合，如下所示。简单起见，我们将名字简写为首字母作为缩略词，例如，将“Alice”表示为 A，将“Bob”表示为 B。

[]
[*A*][*B*][*C*][*D*][*E*]
[*A*, *B*][*A*, *C*][*A*, *D*][*A*, *E*][*B*, *C*][*B*, *D*][*B*, *E*][*C*, *D*][*C*, *E*][*D*, *E*]
[*A*, *B*, *C*][*A*, *B*, *D*][*A*, *B*, *E*][*A*, *C*, *D*][*A*, *C*, *E*][*A*, *D*, *E*][*B*, *C*, *D*][*B*, *C*, *E*]
[*B*, *D*, *E*][*C*, *D*, *E*]
[*A*, *B*, *C*, *D*][*A*, *B*, *C*, *E*][*A*, *B*, *D*, *E*][*A*, *C*, *D*, *E*][*B*, *C*, *D*, *E*]
[*A*, *B*, *C*, *D*, *E*]

（2）我们有两对不喜欢关系：[*A*, *B*]和[*B*, *E*]。因此，我们不能选取任何同时含有 A 和 B 的组合，也不能选取任何同时包含 B 和 E 的组合。基于这一点得出：

[]
[A][B][C][D][E]
~~[A, B]~~[A, C][A, D][A, E][B, C][B, D]~~[B, E]~~[C, D][C, E][D, E]
~~[A, B, C]~~~~[A, B, D]~~~~[A, B, E]~~[A, C, D][A, C, E][A, D, E] [B, C, D]~~[B, C, E]~~
[B, D, E][C, D, E]
~~[A, B, C, D]~~~~[A, B, C, E]~~~~[A, B, D, E]~~[A, C, D, E]~~[B, C, D, E]~~
~~[A, B, C, D, E]~~

（3）在所有可行的组合中，不存在含有 5 个人的组合，只有一个 4 人组合：[A, C, D, E]。因此，我们选取这个组合，对应邀请 Alice、Cleo、Don 和 Eve。

对于贪心法失效的第二个例子，使用这种方法可以得出最大化客人基数的选择为 [B, D, F]。

现在我们的挑战便是编写此算法。我们必须首先系统地生成所有可能的组合，然后清除存在不友好关系的组合，最后挑选出一个客人数最多的组合。我们将依次查看每个步骤对应的代码。

8.3　生成所有组合

当然，有许多方法能用于列出一组字符串、顶点、人物的所有组合（或子集）。我们观察到，每一个组合可以视为一个 0 到 2^n-1 之间的数字。首先，将第一个对象是否选择到组合中视为一个二进制数字（又称位），也就是 0 或者 1。对于其他对象的选择与否，也可以按同样的方式进行表示。因此，全是 0 的字符串代表空组合，因为组合中没有任何对象。如果所有的对象都在组合中，则将组合表示为全是 1 的字符串。给定顺序 A、B、C、D、E，下面是几种组合对应的字符串，以及字符串所对应的十进制值（将字符串视为二进制数）：

组合	字符串	十进制值
[]	00000	0
[A, B]	11000	24
[B, C, D]	01110	14
[A, B, C, D, E]	11111	31

要生成所有组合，可以按上面的表格从右到左进行查表，简单地遍历从 0 到 2^n-1 之间的数字即可。

```
1.    def Combinations(n, guestList):
2.        allCombL = []
```

```
3.          for i in range(2**n):
4.              num = i
5.              cList = []
6.              for j in range(n):
7.                  if num % 2 == 1:
8.                      cList = [guestList[n - 1 - j]] + cList
9.                  num = num//2
10.             allCombL.append(cList)
11.         return allCombL
```

这个函数用客人数量和客人列表作为输入参数。在我们的例子中：n = 5，guestList = [A, B, C, D, E]。我们希望循环迭代 2^n 次，从 0 到 2^n-1，每次递增 1。

给定值 i，根据该值生成一个 *n* 位的二进制字符串，并将 i 中的值复制给 num。做这项复制是因为我们需要修改 num，而在循环内修改 **for** 循环计数器的做法是被禁止的。从第 6 行开始，内层 **for** 循环完成 *n* 位字符串的生成。下面是通过求余生成对应 24 的二进制字符串的步骤：

```
24 % 2 = 0   24//2 = 12
12 % 2 = 0   12//2 = 6
 6 % 2 = 0   6//2 = 3
 3 % 2 = 1   3//2 = 1
 1 % 2 = 1   1//2 = 0
```

这些位是按照有效位递增的顺序生成的，这意味着需要自下而上地读取二进制数字：11000。这解释了为什么在第 8 行中我们将 guestList 的索引设置成 n - 1 - j，因为我们希望最高有效位对应 guestList 中的第一位客人（在我们的例子中为 A）。此外，我们希望与 guestList 中相同的顺序对客人排序，而不是追加到 cList 中。也就是说，我们希望表示为 ['A', 'B']，而不是['B', 'A'][①]。这就是为什么将包含客人的列表和前一个列表连接起来，注意在 guestList[n - 1 - j]外面闭合的[]——如果我们没有闭合的[]，将连接一个字符串和一个列表，这会导致程序运行时引发错误。以这种顺序连接，意味着索引位置较低的 guestList 条目会首先出现在 cList 中。

注意，cList 在第 5 行代码中每次外层 **for** 循环迭代的开始处重置，一旦它被填满，会在第 10 行追加到 allCombL 中。

---

① 在正确性方面不会有影响——我们仍能找到最多的一组客人，忽略客人输入的列表或者组合表示的顺序，完全可以返回另一组并列的最多客人的组。

8.4　移除不友好的组合

算法的第二步是查看每个组合并做检查，判断组合是否存在任何一对不喜欢关系。如果这对客人在组合之中，那么这个组合就是不友好的，应该被丢弃。下面的代码实现了这些功能。

```
1.    def removeBadCombinations(allCombL, dislikePairs):
2.        allGoodCombinations = []
3.        for i in allCombL:
4.            good = True
5.            for j in dislikePairs:
6.                if j[0] in i and j[1] in i:
7.                    good = False
8.            if good:
9.                allGoodCombinations.append(i)
10.       return allGoodCombinations
```

从第 3 行开始，在外层 **for** 循环中迭代每个组合，然后迭代每对不喜欢关系。每对不喜欢关系表示为两位客人的列表，在我们的例子中，存有两对不喜欢关系：`['A', 'B']`和`['B', 'E']`。任何同时包含 A 和 B 的组合都是不友好的，应当被丢弃，第 6 行代码对此做检查。我们仍需要检查组合中是否同时包含 B 和 E。注意，如果按 `j in i` 执行检查，结果将总是 **False**。检查`['A', 'B'] in ['A', 'B', 'C', 'D', 'E']`会返回 **False**，是因为 `j in i` 会检查列表 i 中是否存在 j 这项成员。尽管列表 j 中的每一个元素都在列表 i 中，但是列表 `j = ['A', 'B']`并非`['A', 'B', 'C', 'D', 'E']`中的成员（为完整起见，注意`['A', 'B']`作为成员满足 `in [['A', 'B'], 'C', 'D', 'E']`）。

8.5　选择最大组合

最后，我们需要找出客人数最多的组合，并邀请他们来参加晚餐。下面我们在第 2 行和第 3 行、第 3a 行代码中调用前两个过程，然后寻找要邀请的组合。

```
1.    def InviteDinner(guestList, dislikePairs):
2.        allCombL = Combinations(len(guestList), guestList)
3.        allGoodCombinations = \
3a.             removeBadCombinations(allCombL, dislikePairs)
4.        invite = []
```

```
5.          for i in allGoodCombinations:
6.              if len(i) > len(invite):
7.                  invite = i
8.          print ('Optimum Solution:', invite)
```

第 4～7 行代码迭代所有理想的组合，找出客人数最多的组合，打印出其中第一个组合。Python 有许多内置函数可用于操作和处理列表，可以将第 4～7 行替换为：

```
4a.         invite = max(allGoodCombinations, key = len)
```

max 是 Python 的内置函数，它能返回参数列表中的最大元素。你还可以指定一个函数 `key`，用于比较两个元素。在我们的例子中，`key` 为 **len** 函数。

如果运行代码

```
dislikePairs = [['Alice','Bob'], ['Bob','Eve']]
guestList = ['Alice', 'Bob', 'Cleo', 'Don', 'Eve']
InviteDinner(guestList, dislikePairs)
```

会打印出

```
Optimum Solution: ['Alice', 'Cleo', 'Don', 'Eve']
```

我们早已知道这个结果。我们想要解决更复杂的问题，例如，之前看到的含有 9 个顶点的图。如果运行代码

```
LargeDislikes = [['B', 'C'], ['C', 'D'], ['D', 'E'], ['F', 'G'],
                 ['F', 'H'], ['F', 'I'], ['G', 'H']]
LargeGuestList = ['A', 'B', 'C', 'D', 'E', 'F', 'G', 'H', 'I']
InviteDinner(LargeGuestList, LargeDislikes)
```

将得到

```
Optimum Solution: ['A', 'C', 'E', 'H', 'I']
```

8.6 优化内存使用

我们展示的代码创建并存储了长度为 2^n 的列表，其中 n 为客人的数量。对于较大的 n，这可能意味着相当多的内存。在我们的问题中，不可避免地需要搜寻在最差情况下指数级数量的客人组合，但是我们可以轻松避免存储指数级大小的列表。

避免存储列表的方式很简单。我们完全像以前一样生成组合，但不将这些组合存储在列表中，而是像以前一样立即处理它，确定它是好的还是坏的组合。如果它是好的组合，我们将它与最优组合（即目前为止发现的长度最长的组合）进行比较，并在需要时更新最优组合。

下面是优化版的代码。你会熟悉其中的每一行代码，因为之前都见过。

```
1.    def InviteDinnerOptimized(guestList, dislikePairs):
2.        n, invite = len(guestList), []
3.        for i in range(2**n):
4.            Combination = []
5.            num = i
6.            for j in range(n):
7.                if (num % 2 == 1):
8.                    Combination = [guestList[n-1-j]] + Combination
9.                num = num // 2
10.           good = True
11.           for j in dislikePairs:
12.               if j[0] in Combination and j[1] in Combination:
13.                   good = False
14.           if good:
15.               if len(Combination) > len(invite):
16.                   invite = Combination
17.       print ('Optimum Solution:', invite)
```

第 3～9 行[1]生成对应于值 `num = i` 的组合。第 10～13 行确定这种组合是否为友好的组合。最后，如果当前组合客人数更多，则在第 14～16 行更新当前最优组合。注意，因为我们没有存储整个列表，所以不能在这个最优版中使用“对列表执行 **max**”（**max**-over-a-list）的技巧。

8.7 应用

这道晚餐谜题是一个经典的问题，叫作找寻最大独立集（maximum independent set，MIS）问题：给定一张带有顶点和边的图，寻找之间没有边的顶点的最大集合。有不少场景可以通过求解 MIS 问题进行解决，例如，假设一家连锁店试图寻找新的门

① 注意，在 Python 2.x 中，在第 3 行开始的 **for** 循环中必须使用 **xrange** 而非 **range**，以确保不保存 `i` 的所有 `2**n` 个值。

店位置，期望任意两个门店位置距离足够远，使它们不足以构成相互竞争关系。构造一张图，使其顶点为可选的地理位置，并在任何两个可能足够接近以形成干扰的位置添加边。MIS 能在不影响销售的前提下，给出最多的销售地点。

MIS 是一个难题：包括我们编写的算法在内的所有已知算法，对所有问题实例都要保证中选集合的基数最大化，对某些实例可能需要耗费客人数量的指数时间。如果有人能想出一个有效算法，能对所有独立集问题实例求取最大选集，且其运行时间仅随客人数量按多项式[①]增长，或者能够正式证明这种算法不存在。那么此人便解决了尚未解决的“千禧年大奖难题”（Millennium Prize Problems）之一，将赢得 100 万美元的奖励，并且最重要的是，将获得计算机科学界时下的摇滚明星地位。

如果对绝对的最大基数不感兴趣，那么我们可以使用贪心法反复挑选出不喜欢数量最少的客人，从而确保快速解决问题，这样一来，只需要少量地扫描几次图即可。

8.8 习题

习题 1 和大多数人一样，你可能更喜欢某些朋友。假设你可以为喜爱程度分配一个整数权重，使客人列表除了包含名字，也包含权重，如下所示。

```
dislikePairs = [['Alice','Bob'], ['Bob','Eve']]
guestList = [('Alice', 2), ('Bob', 6), ('Cleo', 3),
             ('Don', 10), ('Eve', 3)]
```

修改原始代码和（或）优化版代码，以便邀请一组最大化权重的朋友集合。在上面的例子中，由于你喜欢 Bob 比 Alice 和 Eve 加起来还要多，因此增加权重之后，你邀请的客人列表会发生改变。

习题 2 我们的解法的一个问题是效率。我们会为 n 位客人生成 2^n 种组合（对于 $n = 20$，组合数将超过百万）。在第一个例子中，我们有两位客人（即Cleo 和 Don）没有任何不喜欢关系。你的社交图中，Cleo 和 Don 对应两个顶点，两者之间没有边连接。Cleo 和 Don 性格随和——不管谁来参加晚餐都可以邀请他们来。因此，我们可以将客人列表缩减到 3（删除 Cleo 和 Don），用来生成组合、删除不友好的组合、找出最大客人数的组合。实际上，我们可以运行

```
dislikePairs = [['Alice','Bob'], ['Bob','Eve']]
guestList = ['Alice', 'Bob', 'Eve']
```

① 执行时间按 n^k 增长，其中 n 为选集数量，k 为固定常数。

```
InviteDinner(guestList, dislikePairs)
```

并得出

```
Optimum Solution: ['Alice', 'Eve']
```

然后添加 Cleo 和 Don。这样一来可得到相同的结果，但是只需要生成 2^3 种组合，而不是 2^5 种。同样，我们可以从较大例子的 9 个顶点中删除`'A'`，最后在后面再添加回来，因为`'A'`没有任何边连接到它。

修改原始代码或带权重的解题代码，实现这一优化。也就是说，扫描每对不喜欢关系，排除不在任何不喜欢关系中的客人。最后再将这些客人添加到受邀组合中。

难题 3　假定你可以在晚餐里照顾一对相互不喜欢的朋友，能将他们分在桌子的两端，而你坐在中间。修改原始代码和（或）优化版代码，邀请最多数量的朋友来吃晚餐，或者找出最大化权重的小组来邀请。记住，你不能邀请两对互相不喜欢的朋友，即使两对朋友中包含同一人也不可以。

例如，如果给出

```
LargeDislikes = [['B', 'C'], ['C', 'D'], ['D', 'E'],
                 ['F', 'G'], ['F', 'H'], ['F', 'I'],
                 ['G', 'H']]
LargeGuestList = [('A', 2), ('B', 1), ('C', 3),
                  ('D', 2), ('E', 1), ('F', 4),
                  ('G', 2), ('H', 1), ('I', 3)]
```

运行你写过的代码

```
InviteDinnerFlexible(LargeGuestList, LargeDislikes)
```

应当输出

```
Optimum Solution: [('A', 2), ('C', 3), ('E', 1),
                   ('F', 4), ('I', 3)]
Weight is: 13
```

注意 `F` 与 `I` 相互不喜欢，需要将他们安排在桌子的两端。

谜题 9

美国达人秀

本谜题涵盖的编程结构与算法范型：通过列表表示二维表格。

你决定举办一档叫作“谁是达人”的电视节目[1]，春季假期后有很多选手报名，而你将主持节目的海选。每位选手都有自己的绝活（如插花、跳舞、滑板等），而你在海选中检验他们的表现。多数选手的表现都不能令你满意，但是有一部分选手能做到。现在你有一组选手，他们会每人向你表演至少一项绝活。

在你的节目中，你希望能突出表现多种多样的绝活。如果每周全都是各种插花表演，对收视率是没有帮助的。你拿出选手列表，整理出他们的绝活列表。然后你去找制作人，让他答应在节目中覆盖这些绝活。你的制作人会削减这张列表（例如，他们认为观众不喜欢重复的节目），交由你选出最终的列表。他们也告诉你，要控制成本。

你明白最好的控制成本、提高收视率的方法是联系尽量少的选手，同时提供尽量多的节目种类。因此你想在最终的列表中选出最少的选手，而他们能演出所有的绝活。

假设你最后选出了表 9-1 所示的选手与绝活。

表 9-1

选　手	绝　活					
	唱歌	跳舞	魔术	动作	柔术	代码
Aly					√	√
Bob		√	√			
Cal	√		√			

① 这道谜题的标题取自 NBC 的 Talent Show（2006—）。

续表

选　手	绝　活					
	唱歌	跳舞	魔术	动作	柔术	代码
Don	√	√				
Eve		√		√		√
Fay				√		√

在上面的例子中，你可以选择 Aly、Bob、Don 和 Eve，从而覆盖所有绝活。Aly 会柔术和代码，Bob 会跳舞和魔术，Don 会跳舞和唱歌，Eve 会跳舞、动作和代码。他们总共有 6 种绝活。

你能用尽量少的人覆盖所有的绝活吗？更一般地说，你怎样选择最少的选手（行），做到能够覆盖表格中所有的绝活（列）？表 9-2 中展示另一个例子。

表 9-2

选　手	绝　活								
	1	2	3	4	5	6	7	8	9
A				√	√		√		
B	√	√						√	
C		√		√		√			√
D			√			√			√
E		√	√						√
F							√	√	√
G	√		√				√		

在我们第一个例子中，你选择的选手数量可以少于 4 位。你只需要聘请 Aly、Cal 和 Eve 即可。Aly 会柔术和代码，Cal 会唱歌和魔术，Eve 会跳舞、动作和代码。他们总共有 6 种绝活。

我们会使用晚餐邀请谜题（谜题 8）中同样的策略。这两个问题很相似，不过在晚餐邀请谜题里，我们想邀请最多数量的人，而在这里我们想选择最少数量的人。而它们的共性在于，我们需要检查所有可能的组合（如选手的子集），排除不能覆盖所有绝活的子集，然后选择最小的子集。它们的另一个共性是贪心策略不可用。

两道谜题使用的数据结构是不同的，这里我们需要一张表示选手与绝活之间关系的表格，而非一张不喜欢的关系图。我们的例子可以转化为类似这样的数据结构：

```
Talents = ['Sing', 'Dance', 'Magic', 'Act', 'Flex', 'Code']
Candidates = ['Aly', 'Bob', 'Cal', 'Don', 'Eve', 'Fay']
CandidateTalents = [['Flex', 'Code'], ['Dance', 'Magic'],
                    ['Sing', 'Magic'], ['Sing', 'Dance'],
                    ['Dance', 'Act', 'Code'], ['Act', 'Code']]
```

我们有一个绝活列表（表格的列）和一个选手列表（表格的行）。我们需要一个列表的列表 CandidateTalents，用于表示表格中的条目。CandidateTalents 中的条目对应表格的行，而条目的顺序很重要，因为它对应选手在列表 Candidates 中的顺序。Bob 是 Candidates 中的第二位选手，他的绝活对应 CandidateTalents 中的第二个列表，也就是['Dance', 'Magic']。

你可能会猜，两道谜题的代码会非常相似。我们会基于优化版的谜题 8，为这道谜题稍微不同地组织代码。

9.1 每次生成并测试一个组合

这是顶层过程的代码，会每次生成一个组合，检查是否正确，取最小数量的正确组合。

```
1.    def Hire4Show(candList, candTalents, talentList):
2.        n = len(candList)
3.        hire = candList[:]
4.        for i in range(2**n):
5.            Combination = []
6.            num = i
7.            for j in range(n):
8.                if (num % 2 == 1):
9.                    Combination = [candList[n-1-j]] + Combination
10.               num = num // 2
11.           if Good(Combination, candList, candTalents, talentList):
12.               if len(hire) > len(Combination):
13.                   hire = Combination
14.       print ('Optimum Solution:', hire)
```

第 4～10 行生成值 num = i 对应的组合。第 11 行调用函数 Good——这会在后面详述——用于检查给定的选手组合是否覆盖所有绝活。如果是，则与当前已知最优的选手组合比较，如果选手人数少于最优组合，则更新最优组合（第 12～13 行）。

第 3 行与谜题 8 的对应行的 `invite = []`不同。在谜题 8 中，我们希望最大化能邀请的客人数量，因此将一个空列表作为最初的最优组合。在这里，我们想最小化聘请的选手数量，因此将完整的选手列表作为最初的最优组合。我们假定完整的选手组合能够满足覆盖所有绝活的要求。如果不能满足，可以重新考量绝活的列表。

9.2　确定缺少一门绝活的组合

我们调用函数 Hire4Show 来确定一个给定的选手组合是否包含所有绝活。我们要做的这项检查与谜题 8 有很大不同，这一点会在下面展示。

```
1.    def Good(Comb, candList, candTalents, AllTalents):
2.        for tal in AllTalents:
3.            cover = False
4.            for cand in Comb:
5.                candTal = candTalents[candList.index(cand)]
6.                if tal in candTal:
7.                    cover = True
8.            if not cover:
9.                return False
10.       return True
```

for 循环（第 2～9 行）对绝活列表遍历每项绝活 tal。对组合中的每位选手（第 4 行开始的内层 **for** 循环），我们使用选手在选手列表 candList 中的索引，作为“选手-绝活”数据结构的索引（第 5 行）。

我们现在需要在 **for** 循环的迭代中（第 2 行开始）检查选手的绝活中是否覆盖绝活 tal，这项检查在第 6 行完成。如果选手拥有绝活 tal，我们在第 7 行做标记。不过，如果遍历完内层 **for** 循环没有找到当前选手组合中有覆盖绝活 tal 的选手，我们便得知这个选手组合需要被抛弃——缺少一项绝活，便不能视为正确的组合。因此我们能省却检查其他绝活，直接返回 **False** 即可（第 9 行）。

如果我们检查了所有的绝活且在所有的迭代中都没有返回 **False**，意味着该组合覆盖了所有的绝活，可以返回 **True**（第 10 行）。

我们对开始的例子运行以下这段代码。例子中的表格转化为代码是：

```
Talents = ['Sing', 'Dance', 'Magic', 'Act', 'Flex', 'Code']
Candidates = ['Aly', 'Bob', 'Cal', 'Don', 'Eve', 'Fay']
CandidateTalents = [['Flex', 'Code'], ['Dance', 'Magic'],
```

```
                              ['Sing', 'Magic'], ['Sing', 'Dance'],
                              ['Dance', 'Act', 'Code'], ['Act', 'Code']]
```

如果我们运行

```
Hire4Show(Candidates, CandidateTalents, Talents)
```

产生输出

```
Optimum Solution: ['Aly', 'Cal', 'Eve']
```

与我们期望的完全一致。

如果对第二个稍大的例子运行代码

```
ShowTalent2 = [1, 2, 3, 4, 5, 6, 7, 8, 9]
CandidateList2 = ['A', 'B', 'C', 'D', 'E', 'F', 'G']
CandToTalents2 = [[4, 5, 7], [1, 2, 8], [2, 4, 6, 9],
                  [3, 6, 9], [2, 3, 9], [7, 8, 9],
                  [1, 3, 7]]
Hire4Show(CandidateList2, CandToTalents2, ShowTalent2)
```

会产生输出

```
Optimum Solution: ['A', 'B', 'D']
```

9.3 应用

这道谜题是集合覆盖问题（set-covering problem）的一个实例，而集合覆盖问题有很多应用场景。例如，汽车公司可能希望在能得到所有汽车配件供应的前提下，与最少汽车配件供应商合作，减少公司需要做的审查数量。NASA 也希望在确保执行所有维护工作的前提下，最小化发射到太空的工具集合的总重量。

集合覆盖是一个难题：包括我们编写的算法在内的所有已知算法，对所有问题实例都要保证选中集合的基数最小，对某些实例可能需要耗费选手数量的指数时间。在这种意义上，集合覆盖问题与晚餐邀请谜题（谜题 8）是等价的。

如果对绝对的最小基数不感兴趣，我们可以使用一种贪心法来解决问题。它可以做到快速，因为它只需要对表格做少量扫描或者遍历。适用本谜题的贪心算法会首先选出拥有最多绝活的选手，一旦该选手被选出，该选手覆盖的所有绝活都从表格中移除。这一过程持续至覆盖到所有绝活为止。

对于我们第二个稍大的例子，选手 *A* 到 *G* 中，我们会首先选出 *C*，他覆盖 4 项绝活：2、4、6 和 9。变小的表格如表 9-3 所示。

表 9-3

选　手	绝　活				
	1	3	5	7	8
A			√	√	
B	√				√
D		√			
E		√			
F				√	√
G	√	√		√	

这里选手 *G* 覆盖 3 个（额外的）绝活。*G* 会中选，因为其他选手都只覆盖两个绝活。选出 *C* 和 *G* 后，得到表 9-4 所示的表格。

表 9-4

选　手	绝　活	
	5	8
A	√	
B		√
D		
E		
F		√

我们仍需要覆盖绝活 5，这需要选手 *A*；也需要绝活 8，这需要选手 *B* 或 *F*。总共 4 位选手。我们知道这并非最优解，前面的代码已经给出了 3 位选手的结果。

9.4　习题

习题 1　在第一个例子中，Eve 会“完胜”Fay，因为她会 Fay 会的所有绝活，而且会得更多。修改代码，将被完胜的选手移出表格，这能使组合的生成更加高效。

习题 2　在我们的第一个例子里，Aly 一定会被选出，因为她是唯一会柔术的选手。在表格中可以看得一清二楚，因为柔术一列只有一个标记。类似地，在我们第二个例子中，D 是覆盖绝活 4 的唯一选手，而 F 是覆盖绝活 7 的唯一选手。

修改原始代码，做到：（1）识别出拥有独一无二绝活的选手；（2）削减表格，移除这些选手的所有相关绝活；（3）基于削减后的表格找出最优的选择；（4）加入步骤 1 中发现的选手。

难题 3 你认为一部分选手眼里只有自己，要的薪水比应当得到的多。因此你需要一个方法，来选出接受你给的薪水的选手。你为每位选手赋予一个权重，表示你认为的他们各自的价码。修改代码允许它找出一组选手，像之前一样能覆盖所有绝活，但是最小化价码的权重。

假设给出：

```
ShowTalentW = [1, 2, 3, 4, 5, 6, 7, 8, 9]
CandidateListW = [('A', 3), ('B', 2), ('C', 1), ('D', 4),
                  ('E', 5), ('F', 2), ('G', 7)]
CandToTalentsW = [[1, 5], [1, 2, 8], [2, 3, 6, 9],
                  [4, 6, 8], [2, 3, 9], [7, 8, 9],
                  [1, 3, 5]]
```

其中 `CandidateListW` 中二元组的数字对应每位选手有多贵。你的代码意在最小化开销，应当产生：

```
Optimum Solution: [('A', 3), ('C', 1), ('D', 4), ('F', 2)]
Weight is: 10
```

注意，如果 Eve 比 Fay 贵得多，那么这里“完胜”的优化不再可行！只有当 Eve 与 Fay 的权重相同或者更小时，这一优化才能成立。所以如果你在使用习题 1 中的代码，要小心这一点。

习题 4 还记得习题 2 中面向独一无二选手的优化吗？将它加入习题 3 用于选择最小权重选手集合的代码中。

谜题 10

多皇后

本谜题涵盖的程序结构与算法范型：递归过程、基于递归的穷举查找。

前面已经解决过八皇后问题（谜题 4），本谜题将关注解决 N 为任意值的 N 皇后问题。也就是说，需要在一张 $N \times N$ 的棋盘上放置 N 个皇后，而避免任意两个皇后相互攻击。

假定不允许编写嵌套深度超过两层的嵌套 **for** 循环（或者其他类型的循环）。你可以说这是人为的限制，但是谜题 4 中深层嵌套的代码除了不美观，也不通用。如果你想编写代码解决 20 以内特定 N 的 N 皇后问题，只能写多个不同的函数，为四皇后写 4 层嵌套循环，为五皇后写 5 层嵌套循环，乃至二十皇后写 20 层嵌套循环，然后根据 N 值选择对应的函数再运行代码。那么，想求解二十一皇后问题又该怎么办？

我们需要使用递归来解决通用的 N 皇后问题。递归发生在某物在自己的定义中引用自身。编程中最常见的递归用法，就是一个函数在自己的定义中调用自己。

在 Python 中，函数可以调用自己。如果一个函数调用自己，它就被称作递归函数。递归也可能意味着函数 A 调用函数 B，而函数 B 又调用函数 A 的情况。我们这里只关注递归的简单定义，即一个函数 f 又调用了 f 自己。

10.1 递归求取最大公约数

当一个函数 f 调用自己时，究竟发生了什么？从执行的角度上看，令人意外的是，与 f 调用另外的一个函数 g 没有太大区别。我们先看一个简单的递归案例：计算一个数字的最大公约数（greatest common divisor，GCD）。我们可以简单地使用欧几里得算法迭代求解，如下：

```
1.    def iGcd(m, n):
2.        while n > 0:
3.            m, n = n, m % n
4.        return m
```

下面是功能等价的递归代码：

```
1.    def rGcd(m, n):
2.        if m % n == 0:
3.            return n
4.        else:
5.             gcd = rGcd(n, m % n)
6.             return gcd
```

我们观察到以下两个关键点。

（1）rGcd 并非在每个条件中调用自己——有一个基线条件 if m % n == 0，这时 rGcd 会返回 n 而并未调用自己。这对应于上面代码的第 2 行和第 3 行。

（2）rGcd 内调用 rGcd 的参数——rGcd 在第 5 行被调用——与调用者 rGcd 的参数不同。两次递归调用（如 rGcd 调用的 rGcd 再调用 rGcd），第 3 次调用的参数会比第一次调用的参数更小。

这两点共同保证 rGcd 可以终止。在没有修改并检查全局状态的前提下，如果一个函数调用自己时使用相同的参数，就会进入一个无限循环中，即程序将无法终止。如果没有不作递归调用的基线条件，程序也将无法终止。

在 rGcd(2002, 1344)的执行中，被调用的过程说明如下：

```
rGcd(2002, 1344) （第 5 行调用）
        → rGcd(1344, 658) （第 5 行调用）
              → rGcd(658, 28) （第 5 行调用）
                    → rGcd (28, 14) （在第 3 行返回）
                rGcd(658, 28) （在第 6 行返回）
          rGcd(1344, 658) （在第 6 行返回）
rGcd(2002, 1344) （在第 6 行返回）
```

其中每个缩进表示一次递归调用。

10.2 递归获取斐波那契数列

换到一个不同的例子，有名的斐波那契数列（Fibonacci sequence）的开头部分是：

0　1　1　2　3　5　8　13　21　34　55

按数学的术语，循环关系定义的斐波那契数列 F_n 是：

$$F_n = F_{n-1} + F_{n-2}$$

$$F_0 = 0, F_1 = 1$$

斐波那契数列有天然的递归定义，而这一定义很容易翻译为下面的递归代码：

```
1.    def rFib(x):
2.        if x == 0:
3.            return 0
4.        elif x == 1:
5.            return 1
6.        else:
7.            y = rFib(x - 1) + rFib(x - 2)
8.        return y
```

注意，这段代码完整地反映了递归关系。我们有两个基线条件，对应代码第 2～3 行和第 4～5 行。递归调用发生于第 7 行——注意两次递归调用使用了不同的参数。在斐波那契数列的代码中，可以得到与最大公约数代码相同的两个关键点：都有基线条件，且递归调用的参数与原始参数不同。

rFib(5)的执行过程如图 10-1 所示。

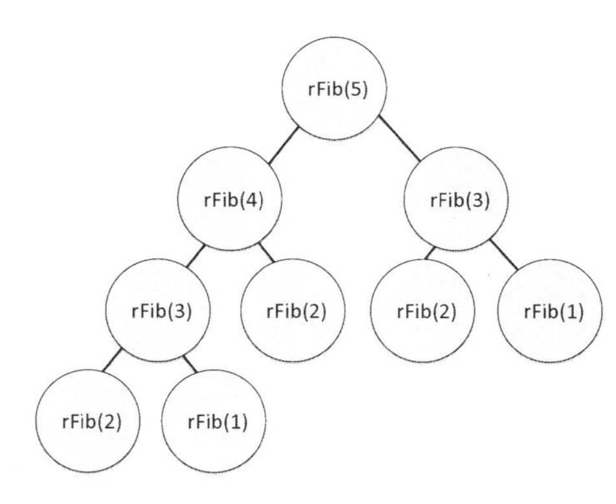

图 10-1

这一执行过程显示有冗余工作存在。例如，rFib(3)调用了 2 次。当然，调用两次的结果相同。rFib(2)调用了 3 次，每次都返回 1。

有一种方法可以编写高效的代码计算斐波那契数列，使之产生最少的计算量，可用另一种迭代算法，如下：

```
1.    def iFib(x):
2.        if x < 2:
3.            return x
4.        else:
5.            f, g = 0, 1
6.            for i in range(x - 1):
7                 f, g = g, f + g
8.            return g
```

第 7 行是关键的一行，基于前两个数值相加计算出数列中下一位的数值，并更新下一轮迭代的变量。通过将调用 `rFib(i)` 的结果记入表中，查表即可避免重复的递归计算，递归代码可以与迭代代码同样高效。这项技术称为 memoization，也就是谜题 18 的主题。

你能编写代码使用递归算法解决 *N* 皇后问题吗？

10.3 递归求解 *N* 皇后问题

好消息是，我们不需要扔掉解决八皇后问题的所有代码。我们可以保留过程 `noConflict(board, current)`，用于检查一部分棋局是否违反 3 条规则中的任意一条。这段过程重复如下，它假设有一个紧凑的数据结构，通过一个数字表示棋盘的每列。具体来说，−1 表示该列没有皇后，0 表示皇后位于第一行（棋盘顶端），而 $n-1$ 表示皇后位于棋盘底端。

```
1.    def noConficts(board, current):
2.        for i in range(current):
3.            if (board[i] == board[current]):
4.                return False
5.            if (current - i == abs(board[current] - board[i])):
6.                return False
7.        return True
```

还记得吧，这段过程仅检查在 `current` 列新放置的皇后是否与之前放置的、序号小于 `current` 的皇后存在冲突，并未检查之前放置的皇后之间是否存在冲突。因此，我们编写的递归过程会与 `EightQueens` 相似，在每次放置皇后时调用 `noConflicts` 检查。最后，记住 `current` 值总是小于棋盘的大小，大于 `current` 的列都为空。

基于这些关键点，编写如下递归过程：

```
1.    def rQueens(board, current, size):
2.        if (current == size):
3.            return True
4.        else:
5.            for i in range(size):
6.                board[current] = i
7.                if noConflicts(board, current):
8.                    found = rQueens(board, current + 1, size)
9.                    if found:
10.                       return True
11.           return False
```

递归搜索意味着调用过程时的参数中，位置确定的皇后越来越多，而需要放置的皇后越来越少。首先应该查看递归过程的基线条件。递归何时停止，也就是在哪些条件下，不再产生递归调用？第 2 行给出了基线条件，即 `current` 的值超出棋盘大小（棋盘的每列编号为 `0` 到 `size - 1`）。

第 5～10 行的 **`for`** 循环遍历在指定列上放置皇后的所有选择。正如稍后我们会看到，过程 `nQueens` 会通过 `current = 0` 调用 `rQueens`，因此我们可以假设 **`for`** 循环开始第一轮迭代时，`current = 0`。一个皇后将放置在第 `i` 行，其中 `i` 的值处于 `0` 到 `size - 1` 之间。`i` 用于表示在当前列 `current` 中将皇后放置于第几行。

显然，放置第一个皇后不会出现冲突。我们知道 `noConflicts(board, 0)` 会返回 **`True`**，因为 `noConflicts` 第 2 行的 **`for`** 循环迭代次数为 `0`，假定 **`range`**`(0)`。不过，放置第二个乃至后续的皇后，就有可能引起冲突了。如果引起冲突，过程会移动到下一行（第 5 行开始的 **`for`** 循环的下一次迭代）。如果未冲突，我们将找到一个列 `0` 到 `current` 中皇后无冲突的中间解，并用 `current + 1` 递归调用 `rQueues`。如果递归调用返回 **`True`**，调用者也会同样返回 **`True`**。如果皇后放置在所有行的调用皆未返回 **`True`**，调用者将返回 **`False`**。

我们回到第 2 行和第 3 行的终止条件（或者说基线条件）。如果 `current == size`，这意味着 `noConflicts(board, size - 1)` 为 **`True`**。这是因为只有当 `noConflicts(board, j - 1)` 返回 **`True`** 时，才会用 `current = j` 调用 `rQueens`，第 7 行的 **`if`** 语句保证了这一点。如果 `noConflicts(board, size - 1)` 为 **`True`**，我们就找到了一个解。这个解包含于列表 `board` 中，我们填入了 `board` 的 `size` 个元素。

现在看下面的 `nQueens` 产生对 `rQueens` 的第一次调用。它是对递归过程的一个

“包装”（wrapper）。需要这样一个过程的主要理由是，需要将 board 初始化为空。如果我们在 rQueens 中初始化 board，则每次递归调用都会清空 board。（当然有办法检查是否是第一次调用 rQueens 并只在这种情况下初始化 board，但是更简洁的做法是在递归调用之外处理初始化。）

```
1.    def nQueens(N):
2.        board = [-1] * N
3.        rQueens(board, 0, N)
4.        print (board)
```

这一过程在第 2 行将 board 初始化为空：创建一个 N 个元素的列表，使其中的元素都为-1。随后使用空的 board 和 current = 0（第 3 行）调用递归搜索过程 rQueens，并打印出 board 结果（第 4 行）。

如果运行

```
nQueens(4)
```

可得到

```
[1, 3, 0, 2]
```

这道四皇后问题的递归调用求解过程，如图 10-2 所示。

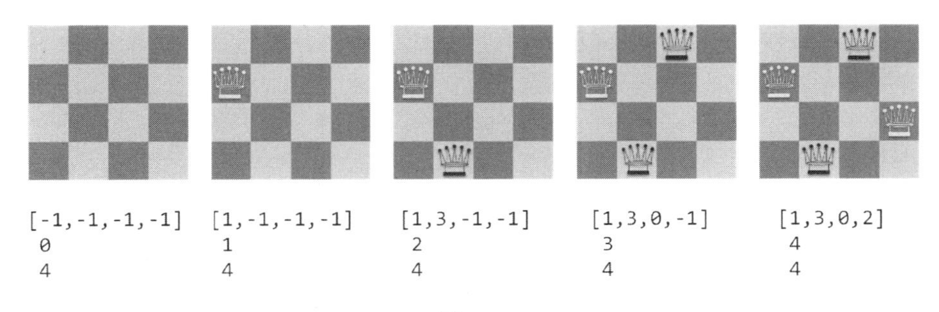

图 10-2

rQueens 的参数（board、current 和 size）显示在每盘棋局底部。这些调用都会返回 **True**，这里没有显示失败的调用。例如，rQueens([-1, -1, -1, -1], 0, 4) 首次递归调用执行的 rQueens([0, -1, -1, -1], 1, 4)，会在几次失败的递归调用后返回 **False**。

如果运行

```
nQueens(20)
```

可以得到

```
[0, 2, 4, 1, 3, 12, 14, 11, 17, 19, 16, 8, 15, 18, 7, 9, 6, 13, 5, 10]
```

警告：代码的运行时间将随着 N 的增大而呈指数级增长，如果使用一个远大于 20 的 N 运行，将花费大量时间！

10.4　递归的应用

我们在 *N* 皇后问题中使用了递归枚举。每次在棋盘中放置皇后之后，立即通过枚举过程检查可能的冲突。这对提升性能有帮助——我们不想在已知有冲突的棋局上继续放置皇后，在这样的棋局上继续放置皇后必然不能找到正确解。

我们解决晚餐邀请谜题（谜题 8）和达人秀谜题（谜题 9）时，需要分别枚举客人和选手的所有组合。组合与每位选手是否入选相关，是选手列表的子集。在晚餐邀请谜题中，如果 Alice 与 Bob 相互不喜欢，就没有理由生成[Alice, Bob, Ene]、[Alice, Bob, Cleo]等这类组合。现在我们理解了递归，可以使用更有效的方法来解决晚餐问题了。

我们会递归地生成组合，同时在早期做冲突检测，因此不会在已知错误的组合上继续扩展。我们从一个空的组合和一个初始等于所有客人的可选客人列表开始。在我们的递归策略中，存在两种递归分支。

（1）从可选客人列表中选择一位新客人加入到当前的组合中，只有当组合保持有效时继续递归。

（2）将客人从可选客人列表中移除，而不加入到当前的组合，继续递归。

这里的基线条件是可选客人列表为空。在递归期间，需要维护已知的最优解（也就是基数最大）。

假设有一个客人列表`[A, B, C]`和相互不喜欢的关系`[A, B]`，图 10-3 给出的是整个递归过程（称作递归树）的样子。`chosen` 对应当前组合（也就是当前已选择的客人），`elts` 对应可选客人。

这里的关键点是，冲突意味着当前分支的结束。到最底端抵达基线条件，得到两个最大基数解`[B, C]`和`[A, C]`。最终结果的选择取决于递归树的执行顺序，也就是先执行的是 `yes` 分支还是 `no` 分支。

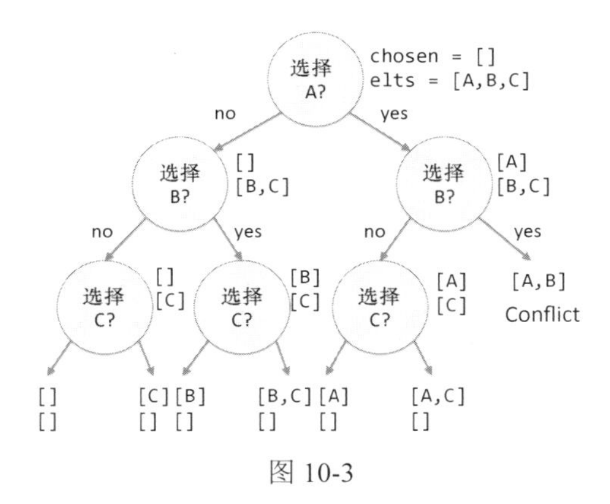

图 10-3

下面是实现递归的函数 largestSol。它有 4 个参数：chosen、elts、dParis（表示不喜欢关系）和 Sol（对应已找到的最优解）。

```
1.    def largestSol(chosen, elts, dPairs, Sol):
2.        if len(elts) == 0:
3.            if Sol == [] or len(chosen) > len(Sol):
4.                Sol = chosen
5.            return Sol
6.        if dinnerCheck(chosen + [elts[0]], dPairs):
7.            Sol = largestSol(chosen + [elts[0]],\
                               elts[1:], dPairs, Sol)
8.        return largestSol(chosen, elts[1:], dPairs, Sol)
```

这里的基线条件（第 2 行）是可选客人的列表为空。如果 Sol 为空，我们就找到了第一个解（第 3 行）并更新 Sol。如果 Sol 非空，我们将检查找到的解是否比已知解更大（第 3 行的第 2 部分），如果是，我们更新 Sol 为更优解。返回 Sol。

第 6～7 行对应递归的第一个条件，在递归阶段（第 6 行），我们检查添加 elts[0] 表示的第一位可选客人到 chosen 是否导致冲突。如果未冲突，将 elts[0] 加入 chosen，通过列表切片将它移出可选客人列表，随后递归（第 7 和第 7a 行）。第 8 行对应递归的第二个条件，不将 elts[0] 加入 chosen 而直接递归。

下面的过程 dinnerCheck 与谜题 8 相似：

```
1.    def dinnerCheck(invited, dislikePairs):
2.        good = True
3.        for j in dislikePairs:
4.            if j[0] in invited and j[1] in invited:
```

```
5.              good = False
6.      return good
```

我们遍历不喜欢关系列表，检查相互不喜欢的两位客人是否同时位于邀请列表。

最后，下面的过程 `InviteDinner` 以空的邀请列表、完整的可选客人列表、相互不喜欢关系列表和一个空的解列表作为参数，调用 `largestSol`（第 2 行）。

```
1.   def InviteDinner(guestList, dislikePairs):
2.       Sol = largestSol([], guestList, dislikePairs, [])
3.       print("Optimum solution:", Sol, "\n")
```

10.5 习题

习题 1　修改 `nQueens` 代码，将 `nQueens(20)` 的解美观打印（pretty-print）为图 10-4 所示的二维棋盘，其中句号（.）表示棋盘上的空方格，`Q` 表示皇后，每两个句号（.）中间隔一个空格。

图 10-4

难题 2 修改 nQueens 代码，使其在已放有皇后的一个位置列表的条件下进行求解，如果有解存在则打印。你可以使用一个非负数个条目的一维列表 location 来表示多个列，其中每个列为皇后的固定位置。例如，location = [-1, -1, 3, -1, -1, -1, -1, 0, -1, 5]表示有 3 个皇后分别放于 10 × 10 棋盘上的第 3 列、第 8 列和第 10 列。你的代码应能生成图 10-5 所示的解，与已给定位置的皇后不会冲突。

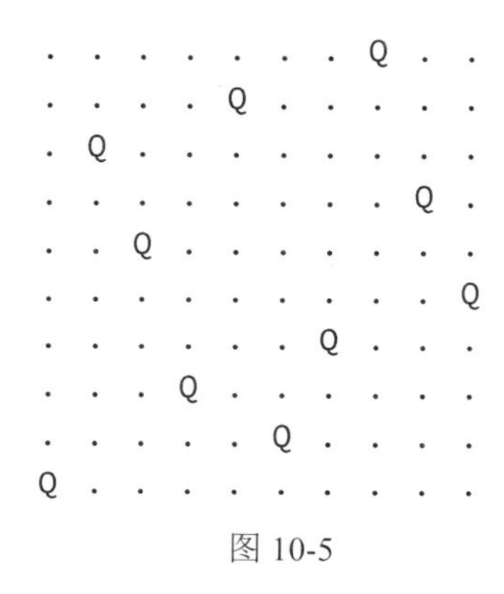

图 10-5

习题 3 回文是指从头到尾和从尾到头读来都是一样的字符串。例如，“kayak”和“racecar”就是回文。编写一个递归函数，通过列表切片来判断参数中的字符串是否属于回文。你的过程应当忽略字母大小写（例如，应当报告“kayaK”是回文）。

难题 4 编写一段递归算法，解决美国达人秀谜题（谜题 9）。你可以模仿晚餐邀请谜题递归解的代码结构，实现时需注意两道谜题中关键的不同，在达人秀谜题中，需要在满足覆盖所有绝活的前提下列出选手的组合，将最小的解返回。你应当可以重用谜题 9 中的函数 Good，以判断选取的选手们是否覆盖所有需要的绝活。

谜题 11

请满铺庭院

本谜题涵盖的编程结构和算法范型：列表推导式基础、递归分治搜索。

请考虑以下平铺问题。有一个 $2^n \times 2^n$ 的正方形庭院，需要用 L 形瓷砖或三连瓷砖（tromino）满铺。每块三连瓷砖由 3 块相连的正方形瓷片组成，构成一个 L 形，如图 11-1 所示。

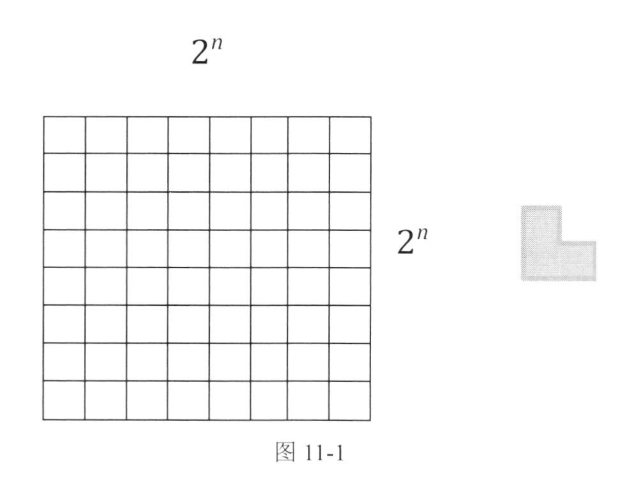

图 11-1

不能超出边界，不能有三连瓷砖被破开，也不能有瓷砖重叠，平铺任务能完成吗？答案是否定的，就是因为 $2^n \times 2^n = 2^{2n}$ 不能被 3 整除，而只能被 2 整除。算术上的基本定理（名为唯一质因数分解定理）表明，每个大于 1 的整数都是质数本身或多个质数的乘积，并且在考虑质因数顺序时该乘积构成是唯一的。由于 2 是质数，因此该定理意味着 2^{2n} 只可能写成 $2n$ 个 2 的乘积。包括 3 在内的其他质数，不可能是 2^{2n} 的因数。但如果允许留一个方格不铺，那么 $2^{2n}-1$ 就可以被 3 整除了。读者能给出说明吗？[①]

因此，如果留下一个方格不铺，正好铺满一个 $2^n \times 2^n$ 的庭院还是有希望的。例如，在这个方格上可以放置一座最喜欢的总统塑像。这个方格将被称为缺失（missing）方格。

是否有算法可以实现除一个任意位置的缺失方格外满铺任何 $2^n \times 2^n$ 庭院？例如，图 11-2 表示的是一个 $2^3 \times 2^3$ 的庭院，其中缺失方格标记为 Δ。缺失方格的位置是否重要？

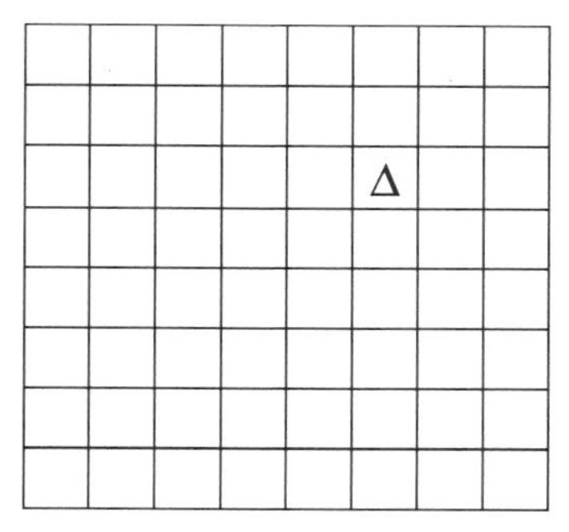

图 11-2

答案是肯定的。下面将对递归分治算法进行介绍和编码，该算法可以铺满 $2^n \times 2^n$ 个方格构成的庭院，其中在任意位置有一块缺失方格。为了帮助读者理解递归分治的工作原理，首先将会介绍其在归并排序中的运用，这是一种常用的排序算法。

11.1 归并排序

用优雅的分治式归并排序算法即可完成排序工作。下面给出归并排序的工作原理。

假设有图 11-3 所示的列表，存放的是符号值或变量，需要对其按升序进行排序。

a	*b*	*c*	*d*

图 11-3

将其拆分为 2 个等长[②]的子列表，如图 11-4 所示。

然后递归地对子列表进行排序。在递归的基线条件（base case）下，如果遇到大小为 2 的列表，只需比较列表中的两个元素并在必要时交换位置即可。假设 $a < b$ 且 $c > d$。因为要按升序排列，在经过两次递归调用后，返回的最终结果如图 11-5 所示。

图 11-4　　图 11-5

① 本书不是介绍数学谜题的，因此会给出答案！2^{2n-1} 可写为 $(2^n-1)(2^n+1)$。如前所述，2^n 不能被 3 整除。这意味着，2^n-1 可被 3 整除，或者 2^n+1 也可被 3 整除。

② 如果列表元素数为奇数，那么子列表不等长，但长度只相差 1。

现在回到函数 sort 的第一次（或最顶层）调用，任务是要将两个已排序的子列表合并为一个有序列表。下面用归并算法来完成合并工作，归并算法只是简单地重复比较两个子列表的前两个元素。如果 $a < d$，则先将 a 放入合并后的（输出）列表，并将其从子列表中实际删除。d 的位置保持不变。然后比较 b 与 d。假定 d 较小，则归并算法会将 d 放入输出列表中的 a 之后。接下来，比较 b 和 c。如果 c 较小，则将 c 放入输出列表的下一个位置，最后放入 b。输出结果将如图 11-6 所示。

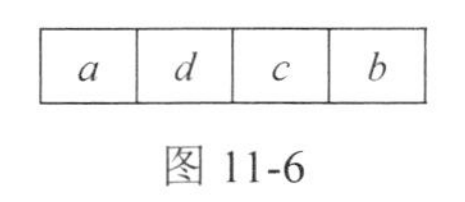

a	d	c	b

图 11-6

下面是归并排序的代码。

```
1.    def mergeSort(L):
2.        if len(L) == 2:
3.            if L[0] <= L[1]:
4.                return [L[0], L[1]]
5.            else:
6.                return [L[1], L[0]]
7.        else:
8.            middle = len(L)//2
9.            left = mergeSort(L[:middle])
10.           right = mergeSort(L[middle:])
11.           return merge(left, right)
```

第 2～6 行就是递归的基线条件，这时列表包含两个元素，于是按正确顺序放置这两个元素。如果列表包含两个以上的元素，则将列表一分为二（第 8 行）并执行两个递归调用，每个子列表执行一个（第 9～10 行）。这里用到了列表切片操作，L[:middle]返回列表 L 中对应 L[0]到 L[middle - 1]的部分，而 L[middle:]返回列表 L 中对应 L[middle]到 L[**len**(L) - 1]的部分，所以不会有元素丢失。最后，第 11 行对两个已排序的子列表调用 merge 并返回结果。

现在，就剩下 merge 的代码了。

```
1.    def merge(left, right):
2.        result = []
3.        i, j = 0, 0
4.        while i < len(left) and j < len(right):
```

```
5.            if left[i] < right[j]:
6.                result.append(left[i])
7.                i += 1
8.            else:
9.                result.append(right[j])
10.               j += 1
11.       while i < len(left):
12.           result.append(left[i])
13.           i += 1
14.       while j < len(right):
15.           result.append(right[j])
16.           j += 1
17.       return result
```

merge 一开始会新建一个空的列表 result（第 2 行）。merge 中包含 3 个 **while** 循环。第一个循环最有意义，对应于两个子列表均非空的一般情况。这种情况下，会比较每个子列表当前最靠前的一个元素（由计数器变量 i 和 j 表示），选出较小的一个元素，并递增其所在子列表的计数器，该元素将会放入 result 中。只要有一个子列表为空，第一个 **while** 循环就会终止。

当其中一个子列表为空时，只需将非空子列表的剩余元素追加到 result 中即可。第二个和第三个 **while** 循环分别对应左子列表非空和右子列表非空的情况。

11.2 归并排序的执行与分析

假定归并排序的输入列表如下：

```
inp = [23, 3, 45, 7, 6, 11, 14, 12]
```

执行过程会如何呢？列表会一分为二：

```
[23, 3, 45, 7]                [6, 11, 14, 12]
```

首先会对左列表进行排序，第一步是再次一分为二：

```
[23, 3]          [45, 7]          [6, 11, 14, 12]
```

分别对这两个包含两个元素的子列表按升序进行排序：

```
[3, 23]          [7, 45]          [6, 11, 14, 12]
```

将各含两个元素的有序子列表并入一个有序的结果列表中：

```
[3, 7, 23, 45]                    [6, 11, 14, 12]
```

接下来算法将处理右列表，将其一分为二：

```
[3, 7, 23, 45]                    [6, 11]     [14, 12]
```

分别对右子列表排序：

```
[3, 7, 23, 45]  [6, 11]           [12, 14]
```

将各含两个元素的有序子列表并入一个有序结果列表中：

```
[3, 7, 23, 45]                    [6, 11, 12, 14]
```

最后将各包含 4 个元素的两个有序子列表合并：

```
[3, 6, 7, 11, 12, 14, 23, 45]
```

相比谜题 2 中描述的选择排序算法，归并排序算法的效率更高。选择排序带有双层嵌套循环，所以在最坏的情况下对长度为 n 的列表需要执行 n^2 次比较和交换操作。在归并排序中，对于长度为 n 的列表，每次归并只执行 n 次操作。顶级归并将需要 n 次操作，下一级归并将在两个长度为 $n/2$ 的列表上执行 `merge`，仍然只需要 n 次操作。之后的下一级归并将对 4 个列表各执行 $n/4$ 次操作，总共 n 次操作。归并会有 $\log_2 n$ 级，因此归并排序需要 $n \log_2 n$ 次操作。

如你所见，在 `merge` 过程中，需要新建一个列表 `result`（第 2 行）并将其返回。因此，归并排序的中间内存需求将随着待排序列表长度的增长而增长。而选择排序就不存在这种情况。在谜题 13 中还会遇到这种内存需求。

现在回到庭院满铺问题吧。

11.3　基线条件即 2 × 2 庭院

先从 $n = 1$ 开始，即包含一块缺失方格的 2×2 庭院。缺失方格可能位于不同的位置，如图 11-7 所示，Δ 会出现在各个不同位置。在这 4 种情况下，都可以用方向合适的 L 形瓷砖铺满剩余的 3 个方格。

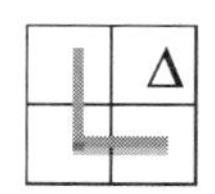

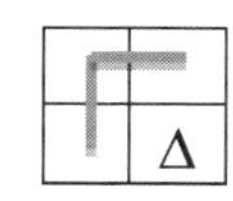

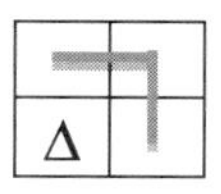

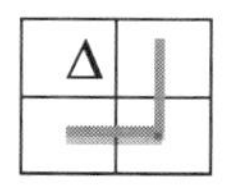

图 11-7

这是一个重要步骤，因为现在拥有了可行的递归分治算法的基线条件。但是如何将包含一块缺失方格的 $2^n \times 2^n$ 庭院进行拆分，以便能得到问题相同只是尺寸变小的子问题呢？如果将 $2^n \times 2^n$ 庭院拆分成图 11-8 所示的 4 个 $2^{n-1} \times 2^{n-1}$ 庭院，就会得到位于图 11-8 右上角的包含一块缺失方格的 $2^{n-1} \times 2^{n-1}$ 庭院，而其他 3 个则都是完整的 $2^{n-1} \times 2^{n-1}$ 庭院。

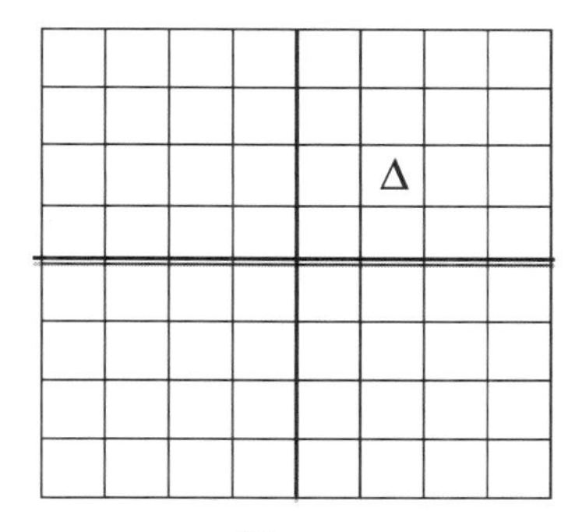

图 11-8

11.4 递归步骤

从上述例子可以看出，塑像 Δ 在右上象限。因此，在 3 个“完整”的象限上特意放上一块三连瓷砖，就能形成各包含一个待铺缺失方格的 4 个象限（如图 11-9 所示）。

右上象限没有变化，而其他 3 个象限都正好铺了一个方格，所以剩下的工作就是铺满各包含一个缺失方格的 4 个 $2^{n-1} \times 2^{n-1}$ 庭院。听来很熟悉吧？请注意，如果缺失方格位于左上象限，那么只要将三连瓷砖逆时针旋转 90°，就能得到上述 4 块小庭院了。请自行推断缺失方格位于其他两个象限的旋转方案吧。

递归地执行以上拆分操作，直到得到一个包含一个缺失方格的 2×2 庭院。如前所述，每个 2×2 庭院都可简单地用一块三连瓷砖铺满。大功告成了。

但是不仅如此，假如需要铺满一个 $2^n \times 2^n$ 的大庭院（含一座塑像），要用 L 形瓷砖来完成是一件非常复杂的工作。这意味着必须向地砖施工方给出非常具体的方案，需要给出每块瓷砖的摆放位置。这里需要编写程序生成该庭院全部瓷砖的“地图”。

这可是一本讨论编程的书，读者可别以为本书会止步于算法。

4 个象限需要以某种方式进行编号，代码将如下所示。庭院将被表示为 `yard[r][c]`，其中 `r` 是行号，`c` 是列号。行号从上到下递增，列号从左到右递增，如图 11-10 所示。

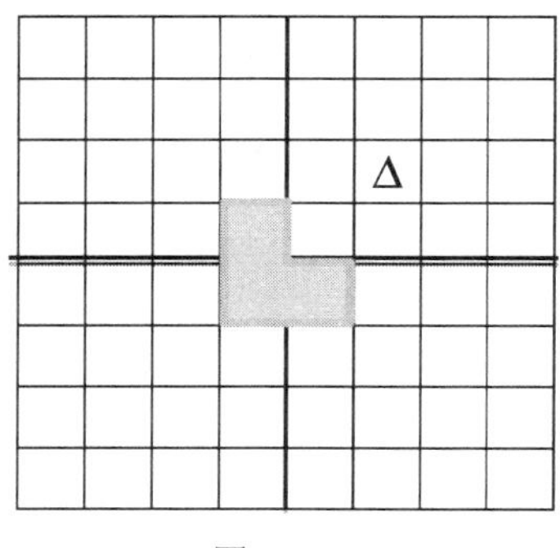

图 11-9

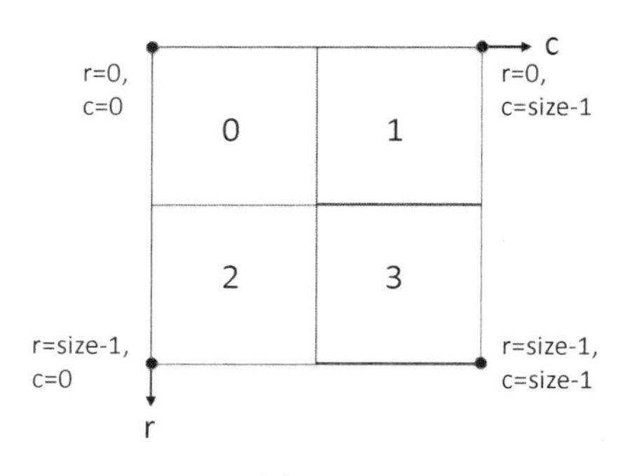

图 11-10

```
1.    def recursiveTile(yard, size, originR, originC, rMiss,\
1a.                                             cMiss, nextPiece):
2.        quadMiss = 2*(rMiss >= size//2) + (cMiss >= size//2)
3.        if size == 2:
4.            piecePos = [(0,0), (0,1), (1,0), (1,1)]
5.            piecePos.pop(quadMiss)
6.            for (r, c) in piecePos:
7.                yard[originR + r][originC + c] = nextPiece
8.            nextPiece = nextPiece + 1
9.            return nextPiece
10.       for quad in range(4):
11.           shiftR = size//2 * (quad >= 2)
12.           shiftC = size//2 * (quad % 2 == 1)
13.           if quad == quadMiss:
14.               nextPiece = recursiveTile(yard, size//2, originR + \
14a.                  shiftR, originC + shiftC, rMiss - shiftR, \
14b.                  cMiss - shiftC, nextPiece)
15.           else:
16.               newrMiss = (size//2 - 1) * (quad < 2)
17.               newcMiss = (size//2 - 1) * (quad % 2 == 0)
18.               nextPiece = recursiveTile(yard, size//2, originR + \
18a.                shiftR, originC + shiftC, newrMiss, newcMiss,\
18b.                nextPiece)
```

```
19.         centerPos = [(r + size//2 - 1, c + size//2 - 1)
19a.                    for (r,c) in [(0,0), (0,1), (1,0), (1,1)]]
20.         centerPos.pop(quadMiss)
21.         for (r,c) in centerPos:
22.             yard[originR + r][originC + c] = nextPiece
23.         nextPiece = nextPiece + 1
24.         return nextPiece
```

函数 recursiveTile 的参数包括二维网格 yard、当前要平铺的 yard 或象限的维度（size）、原点的行列坐标（originR 和 originC）以及缺失方格相对原点的位置（rMiss 和 cMiss）。最后一个参数是辅助变量 nextPiece，用于对瓷砖进行编号，以便打印出便于施工方查看的地图。这里假定原点是(0, 0)。

第 2 行代码将根据缺失方格的位置识别出包含缺失方格的象限，如下所示：

```
quadMiss = 2*(rMiss >= size//2) + (cMiss >= size//2)
```

行的编号从上到下，顶部为 0，底部为 size - 1。列的编号从左到右，左端为 0，右端为 size - 1。举个例子，如果 rMiss = 0 且 cMiss = size - 1，则表示在右上象限中包含缺失方格，quadMiss 计算为 2 * 0 + 1 = 1。对于大于等于 size//2 的 rMiss 和 cMiss，将会得到编号为 3 的右下象限。

recursiveTile 首先在第 3～9 行中编写递归基线条件的代码，演示了如何用 nextPiece 标记方格，其中用到了铺入方格的瓷砖编号。递归基线条件为包含一个缺失方格的 2×2 的庭院，缺失方格的编号为 quadMiss。已知无论 quadMiss 是什么值，都能铺满整个庭院，用 nextPiece 对瓷砖进行编号并填充 yard。因为 quadMiss 所在方格不需要铺瓷砖（它或是已铺过了，或是准备放入一座塑像），所以用列表的 pop 函数将其从元组列表 piecePos 中删除。pop 函数用列表元素的索引作参数，并从列表中删除该元素（第 5 行）。因为每次递归调用填充的都是同一个数据结构 yard，所以需要用原点坐标对每次调用均各自独立（disjoint）的象限进行铺设（第 7 行）。一旦 2×2 庭院被铺满，就递增并返回 nextPiece（第 8～9 行）。

完整的递归工作过程如下。根据 quadMiss 值的不同，将进行 4 次递归调用（第 10～18 行）。quadMiss 是 yard 中缺失方格的位置，quadMiss 对应的象限将包含缺失方格。不过在其他 3 个象限中，也会在某个角上包含一个缺失方格，因为最终会在这 3 个角上各放置一块三连瓷砖。这块中心的三连瓷砖将会在递归调用返回之后再放置（第 19～23 行）。

为了确定递归调用的参数，需要一些计算。庭院的大小是 size//2，还要把

nextPiece 传给递归调用。然后还要为 4 个象限计算各自的原点坐标。第 11～12 行计算所需的坐标平移值。根据本谜题的象限编号规则，在进行递归调用时，象限 0 和 1 将具有与父过程相同的原点行坐标，而象限 2 和 3 的原点行坐标将相对父过程平移 size//2（第 11 行）。象限 0 和 2 将具有与父过程相同的原点列坐标，而象限 1 和 3 的原点列坐标将相对父过程平移 size//2（第 12 行）。

对于象限 quadMiss 对应的那次递归调用，其中包含了父调用中没有的缺失方格，因此只要计算相对已平移原点坐标的新 rMiss 和 cMiss 即可（第 14 行）。

对于其他 3 次递归调用，参数 rMiss 和 cMiss 的计算过程是不一样的。因为缺失方格将位于某一个角上，与父调用中 rMiss 和 cMiss 的值没有关系。第 16～17 行给出了计算过程。对象限 0 而言，右下角将是缺失方格，其相对于原点的坐标 rMiss 等于 size//2 - 1，cMiss 等于 size//2 - 1。其他象限的计算方式类似。

最后，第 19～23 行将中心位置的瓷砖放入 yard 中，仍要根据标明不应放置瓷砖的方格 quadMiss 而定。当然在进行递归调用之前放好中心位置的瓷砖，也是很容易做到的。唯一的差别就是瓷砖的编号不同，瓷砖的放置位置没有区别。第 19 行和第 19a 行演示了用 Python 列表推导式创建列表 centerPos 的过程，后续还会看到更多的列表推导式。该列表一开始包含的是本次调用中要处理的庭院中心 4 个方格，也就是庭院 4 个象限各有一个角上的方格。第 20 行从 centerPos 中删除属于 quadMiss 所在象限角上的方格。

下面看一下如何调用 recursiveTile：

```
1.     EMPTYPIECE = -1

2.     def tileMissingYard(n, rMiss, cMiss):
3.         yard = [[EMPTYPIECE for i in range(2**n)]
3a.                    for j in range(2**n)]
4.         recursiveTile(yard, 2**n, 0, 0, rMiss, cMiss, 0)
5.         return yard
```

这里将用-1 表示庭院里的空白方格（第 1 行）。函数 tileMissingYard 只是对函数 recursiveTile 的一个封装，要把对应原点坐标和 nextPiece 的参数全都初始化为 0。在第 3 行和第 3a 行，新建了一个对应庭院的二维列表，每维大小等于 2**n。用 Python 列表推导式对列表进行初始化，比填充二维列表所需的标准嵌套 **for** 循环更加紧凑一些。值得强调的是，在函数 recursiveTile 中不用为表示庭院的变量分配内存，每次递归调用填充的都是传入函数的变量 yard 中各自独立的部分。

返回值 nextPiece 在 recursiveTile 的最外层调用被忽略，但在内层的递归调用中将会用到。

11.5 列表推导式的基础知识

列表推导式能够以比较自然的方式创建列表。假设需要生成列表 S 和 O，在数学上的定义是：

$$S = \{x^3 : x \text{ in } \{0, \cdots, 9\}\}$$
$$O = \{x \mid x \text{ in } S \text{ and } x \text{ odd}\}$$

下面给出如何用列表推导式来生成列表：

```
S = [x**3 for x in range(10)]
O = [x for x in S if x % 2 == 1]
```

列表定义中的第一个表达式对应列表元素，其余的表达式根据给定属性生成列表元素。S 中包含了所有从 0 到 9 数字的立方。列表 O 中则包含了 S 中的所有奇数。

以下是一个更有意思的例子，计算出小于 50 的质数列表。首先，用一个列表推导式构建一个合数（非质数）列表，然后用另一个列表推导式获取“反”列表，也就是由质数构成的列表。

```
cp = [j for i in range(2, 8) for j in range(i*2, 50, i)]
primes = [x for x in range(2, 50) if x not in cp]
```

cp 定义中的两个循环找到小于 50 的数字中 2 到 7 的倍数。选择数字 7 是因为 $7^2 = 49$，最大数字不会超过 50。在列表 cp 中可能会有些合数是重复的。primes 的定义则只是将数字从 2 到 49 遍历一遍，并把不在列表 cp 中的数字纳入进来。

列表推导式可以产生非常紧凑的代码，但有时理解起来会有困难。使用起来应适度！

11.6 美观打印

本次编码练习的一个原因是生成一张便于施工方查看的地图，下面的打印过程正是实现这一功能的：

```
1.    def printYard(yard):
2.        for i in range(len(yard)):
3.            row = ''
```

```
4.              for j in range(len(yard[0])):
5.                  if yard[i][j] != EMPTYPIECE:
6.                      row += chr((yard[i][j] % 26) + ord('A'))
7.                  else:
8.                      row += ' '
9.              print(row)
```

以上过程按行打印出二维 yard。它会创建对应每行瓷砖的一行字符，并将其打印出来。庭院中有一个缺失方格，这里通过打印空格留出空白（第 8 行）。

当然可以直接把数字打印出来，但这里选用了字母 A～Z 来代替。

函数 chr 接受一个数字作为参数，并生成 ASCII 格式下与该数字关联的字母。函数 ord 是 chr 的逆函数，它接受一个字母并生成其 ASCII 编号。编号为 0 的瓷砖在第 5 行被赋为字母 A，编号为 1 的瓷砖被赋为字母 B，依此类推，直至编号 26 被赋为 Z。如果庭院大于等于 $2^5 \times 2^5$，L 形瓷砖就会超过 26 块，有些瓷砖将会被赋予相同的字母。当然，可以将这些瓷砖打印出唯一的编号。打印成数字会碰到一个问题，就是在打印过程中必须处理一位数和两位数的宽度。

运行

```
printYard(tileMissingYard(3, 4, 6))
```

将会得到

```
AABBFFGG
AEEBFJJG
CEDDHHJI
CCDUUHII
KKLUPP Q
KOLLPTQQ
MOONRTTS
MMNNRRSS
```

以上结果足以向任何施工方说明清楚该如何正确铺满庭院了。通过 recursiveTile 可以看出瓷砖放置的顺序。递归调用按照象限的顺序进行，从 0、1、2 到 3（recursiveTile 的第 12 行）。第一块铺下的瓷砖是 A，对应左上象限。因为选择在递归调用返回后才放置中心瓷砖，所以中心瓷砖 U 是最后铺下的。如果在进行递归调用之前放置中心瓷砖，那么中心瓷砖将会是 A。

下面对 recursiveTile 做一下运行分析。它对大型庭院的运行速度还是相当快的。最重要的经验是每次递归调用的 yard 大小（即庭院的长度和宽度）是前一次的一半。因此，如果是从一个 $2^n \times 2^n$ 庭院开始的，那么将会在第 $n-1$ 步到达基线条件 2×2 庭院。当然，每一步都会进行 4 次递归调用，就会有 4^{n-1} 次调用，每次调用都会铺设一个 2×2 的庭院。处理的方格总数正好是 $2^n \times 2^n$，也就是一开始给出的庭院方格数。当然，其中有一个方格没有铺设。

11.7 另一个满铺谜题

以下是著名的残缺棋盘满铺谜题。假设一个标准的 8×8 棋盘有两个对角被切掉了，留下了 62 个方格。有没有可能放置 31 个大小为 2×1 的多米诺骨牌，覆盖所有方格呢？

11.8 习题

习题 1 给定一个 $2^n \times 2^n$ 庭院，要用 L 形瓷砖进行满铺，其中包含 4 个缺失方格。至少可能存在两种情况。

（1）4 个缺失方格分布在 4 个不同的象限。

（2）其中的任意 3 个缺失方格可以用一块三连瓷砖铺上。

请编写一个过程，通过检查上述两个条件，确定是否可以用 recursiveTile 满铺庭院。该过程的参数可以是 n 和 4 个缺失方格坐标构成的列表，返回值可以只是 **True** 或 **False**。

难题 2 假定有如下二维列表或矩阵 T，其中所有行和列都已经过排序。请设计并实现适用于 T 这种列表的折半查找算法。可以假设所有元素都是唯一的，正如下例所示：

```
T = [[ 1, 4, 7, 11, 15],
     [ 2, 5, 8, 12, 19],
     [ 3, 6, 9, 16, 22],
     [10, 13, 14, 17, 24],
     [18, 21, 23, 26, 30]]
```

策略如下。猜测目标值位于 i, j，想想如果值小于 T[i][j]意味着什么，如果值大于 T[i][j]又意味着什么。举例来说，如果要查找的是 21，与 T[2][2] = 9 进行比较，已知 21 不可能位于 T[<= 2][<= 2]即左上象限中，因为左上象限中的所有值都小于 9。但 21 可能位于其他 3 个象限中，本例是位于左下 T[> 2][<= 2]象限，其他例子中或许会位于右上 T[<= 2][> 2]或右下 T[> 2][> 2]象限。

在自己编写的这个二维折半查找算法中，总是能够排除 4 个象限中的一个，而在其他 3 个象限上就不得不进行递归调用了。

难题 3 难题 2 中的二维折半查找算法是否是最佳算法了？提这个问题很自然。再观察一下 T：

```
T = [[ 1, 4, 7, 11, 15],
     [ 2, 5, 8, 12, 19],
     [ 3, 6, 9, 16, 22],
     [10, 13, 14, 17, 24],
     [18, 21, 23, 26, 30]]
```

假设要找出 T 中是否存在 13。策略如下。从右上角的元素开始。如果元素小于 13，则可以排除整个第一行并向下移动一格。如果元素大于 13，则可以排除整个最后一列并向左移动一格。显然，如果右上角的元素就是要找的元素了，就可以停下来了。

以上策略的巧妙之处在于，每一步都可以排除一行或一列。所以对于 $n \times n$ 的矩阵，最多在 $2n$ 步内就能找到所需的元素，找不到则能确定它不存在。请对上述算法编写代码，通过对合适的子矩阵（每次减少一行或减少一列）进行递归调用来实现。在上述例子中，将从 15 依次移动到 11、12、16、9、14、13。

谜题 12

汉诺塔

本谜题涵盖的编程结构和算法范型：递归式递减搜索。

汉诺塔（Towers of Hanoi，TOH）是一种数学游戏或谜题，也称梵天塔（Towers of Brahma）。它由 3 个桩子和一些不同尺寸的圆环组成，圆环可以放入任何一根桩子上。本谜题一开始所有圆环都整齐地堆叠在一根桩子上，按照大小顺序堆放，顶部最小底部最大，呈圆锥状，如图 12-1 所示。

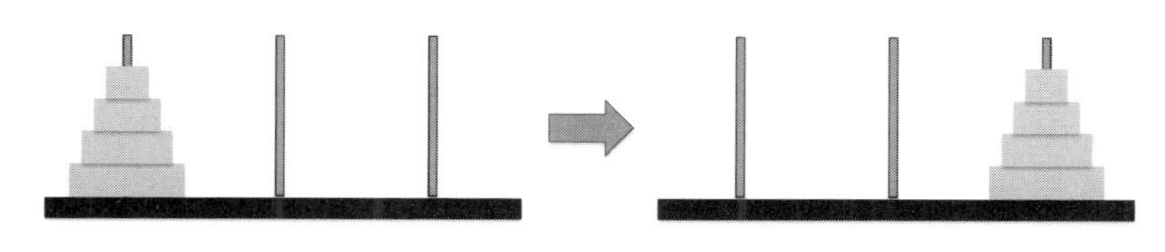

图 12-1

汉诺塔谜题的目标是要把整堆圆环移到另一个桩子上去，且需遵守以下简单的规则。

- 每次只能移动一个圆环。
- 每次移动包括两步，先从其中一堆圆环中取出最上面的一个，再将其放入另一堆圆环的顶部。也就是只有圆环堆最上面的那个圆环才能被移动。
- 圆环不能放在比它小的圆环上面。

该谜题可能是由法国数学家 Édouard Lucas 在 1883 年发明的，让谜题流行起来的确实是他。传说在印度教寺庙 Kashi Vishwanath 里有一个大房间，里面有 3 根柱子，其中一根柱子上最初套有 64 个金环。自混沌之初，婆罗门教的僧人就按照上述规则把这些金环从一根柱子移到另一根柱子。根据传说，世界将在这一谜题的最后一次移动完成时毁灭，也就是所有金环都正确堆放到目标柱子上时。目前尚不清楚是 Lucas 自己创造了这个传说，还是受到了该传说的启发。

原始的谜题包含 64 个圆环和 3 个桩子，这里将谜题参数化为 n 个圆环。本谜题有很多变体，桩子的数量各不相同。这里首先考虑两种版本的谜题，一种是经典的 3 个桩子，另一种是也含 3 个桩子但对圆环移动方式有额外限制的变体。本谜题最后的习题将涉及更多的变体。

12.1　汉诺塔的递归解决方案

汉诺塔问题可以用分治算法范型来解决。假定要把圆环从最左侧的桩子（起始）移到最右侧的桩子（终止），解决方案如图 12-2 所示。

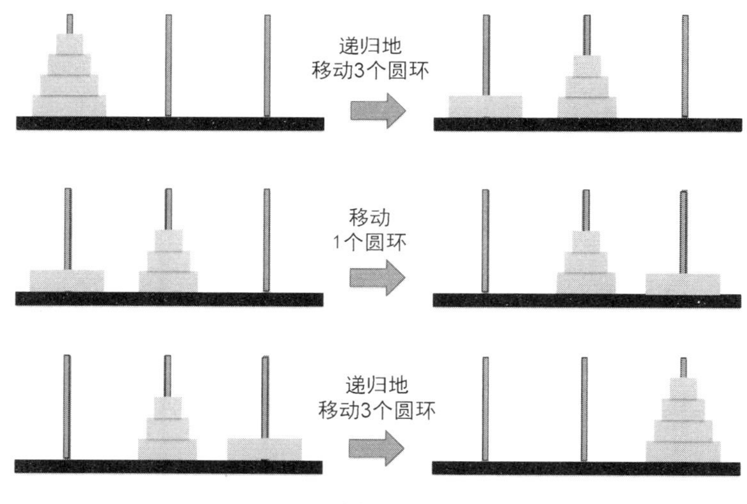

图 12-2

第一步（箭头）表示一次针对 $n-1$ 个圆环的递归调用（以上示例中 $n=4$），初始桩相同但终止桩不同。由于汉诺塔问题中 3 个桩的地位等同，所以起始、中间和终止桩各是哪一个真的无所谓。第二步是把一个圆环从起始桩移到终止桩。第三步意味着针对数量为 $n-1$ 的问题再进行一次递归调用，只是起始桩成了中间的那根，终止桩则还是原来的那根。

注意，这种分治算法在进行递归调用时，当前问题的规模会比原问题递减一个环。

满铺庭院谜题（谜题 11）也会进行递归调用，但对应的是四分之一面积的庭院问题。

现在知道了如何利用分治算法，以及如何将算法转换为递归代码。下面是汉诺塔问题的一种递归实现，将会打印出解决 numRings 个圆环汉诺塔所需的每次移动，以便婆罗门僧人们能依照之前描述的不变规则行事。

```
1.    def hanoi(numRings, startPeg, endPeg):
2.        numMoves = 0
3.        if numRings > 0:
4.            numMoves += hanoi(numRings - 1, startPeg,
                                6 - startPeg - endPeg)
5.            print('Move ring', numRings, 'from peg',
                          startPeg, 'to peg', endPeg)
6.            numMoves += 1
7.            numMoves += hanoi(numRings - 1,
                        6 - startPeg - endPeg, endPeg)
8.        return numMoves
```

首先请注意，上述代码中的圆环编号是从 1 到 numRings，顶部圆环为 1，底部圆环为 numRings。其次要注意代码的写法，以便能从任一起始桩到任一终止桩移动圆环。桩子从左到右编号为 1、2 和 3。给定一个起始桩编号和一个终止桩编号，就可以推导出另一个桩子编号为 6 - startPeg - endPeg。这一点十分重要，因为每次递归调用会在不同的一对桩子之间移动圆环。

第 4、5 和 7 行对应图 12-2 中的 3 个箭头。第 4 行是一次递归调用，解决了将顶上 numRings - 1 个圆环从起始桩移至中间桩的问题。变量 numMoves 用于对移动次数进行计数。第 5 行只是打印一步移动，将最底部的第 numRings 号圆环从起始桩移至终止桩。第 7 行进行一次递归调用，将 numRings - 1 个圆环从中间桩移至终止桩。下面运行一下。

```
hanoi(3, 1, 3)
```

这里有 3 个圆环，且 startPeg = 1、endPeg = 3。这会调用 hanoi(2, 1, 2)，然后第 3 号圆环就会从 1 号桩移至 3 号桩，最后会调用 hanoi(2, 2, 3)。这两个递归调用各自会再进行两次递归调用，每次都解决包含 1 个圆环的汉诺塔问题。因此输出如下：

```
Move ring 1 from peg 1 to peg 3
Move ring 2 from peg 1 to peg 2
```

```
Move ring 1 from peg 3 to peg 2
Move ring 3 from peg 1 to peg 3
Move ring 1 from peg 2 to peg 1
Move ring 2 from peg 2 to peg 3
Move ring 1 from peg 1 to peg 3
```

现在来讨论汉诺塔问题的一种变体。在相邻汉诺塔问题中（Adjacent Towers of Hanoi，ATOH），圆环不允许在最左侧和最右侧的桩子之间移动，而只能在相邻桩子之间移动。在以上的递归汉诺塔算法中，第二步将圆环从最左侧移至最右侧桩子将是非法操作，如图 12-3 所示。

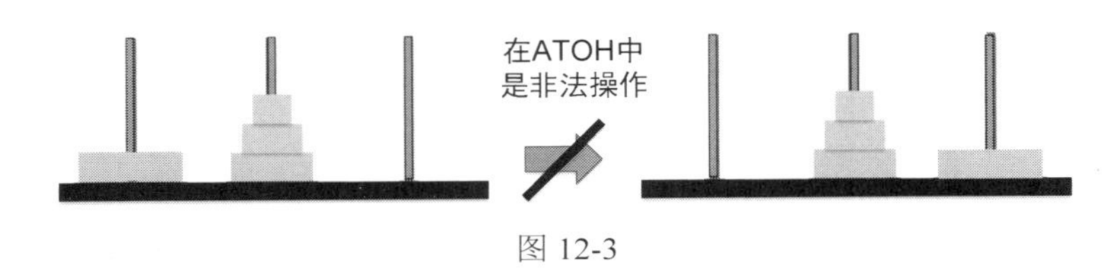

图 12-3

但也不能将圆环移至中间桩子上，因为大圆环不能压在小圆环上面。所以解决 ATOH 问题需要采用不同的递归策略。

读者能想到一种解决 ATOH 问题的递归分治策略吗？

12.2 相邻汉诺塔的递归解决方案

分治策略的关键点是，只要有一个基线条件，就可以“假装”知道如何解决规模稍小一点的递归问题。显然，在一个圆环（即 $n = 1$）的情况下，用两次移动即可解决 ATOH 问题，先将圆环从最左侧桩子移至中间桩子，然后再移至最右侧桩子。那么，不妨假定知道如何解决 $n - 1$ 个圆环的 ATOH 问题。其递归分治策略如图 12-4 所示。

注意，第一次递归调用假定 $n - 1$ 个圆环的 ATOH 问题能够得以解决，遵守的是 ATOH 规则。起始桩和终止桩与初始问题相同。接下来是一次符合 ATOH 规则的移动，即将最底部的圆环从起始桩移至中间桩。然后发起另一次递归调用解决 $n - 1$ 个圆环的问题，这时初始问题中的起始桩和终止桩的角色发生了互换。在 ATOH 中，起始桩和终止桩是对称的，它们的作用可以互换。下一步，把最大的环从中间桩移至终止桩。最终，$n - 1$ 个圆环的问题得以解决，相当于起始桩和终止桩与 n 个圆环的初始 ATOH 问题相同。

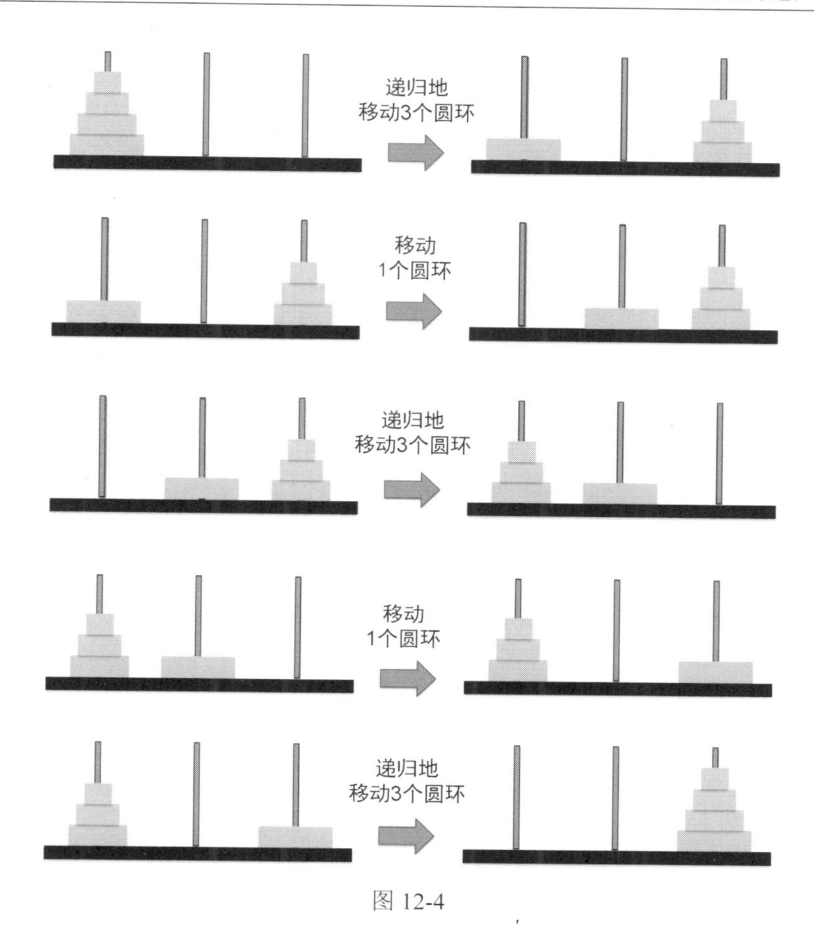

图 12-4

下面是解决 ATOH 问题的递归实现。

```
1.    def aHanoi(numRings, startPeg, endPeg):
2.        numMoves = 0
3.        if numRings == 1:
4.            print('Move ring', numRings, 'from peg',
                    startPeg, 'to peg', 6 - startPeg - endPeg)
5.            print('Move ring', numRings, 'from peg',
                      6 - startPeg - endPeg, 'to peg', endPeg)
6.            numMoves += 2
7.        else:
8.            numMoves += aHanoi(numRings - 1, startPeg, endPeg)
9.            print('Move ring', numRings, 'from peg', startPeg,
                                 'to peg', 6 - startPeg - endPeg)
```

```
10.             numMoves += 1
11.             numMoves += aHanoi(numRings - 1, endPeg, startPeg)
12.             print('Move ring', numRings, 'from peg',
                      6 - startPeg - endPeg, 'to peg', endPeg)
13.             numMoves += 1
14.             numMoves += aHanoi(numRings - 1, startPeg, endPeg)
15.         return numMoves
```

这段代码的步骤比 TOH 的多一些，但概念上并没有复杂多少。和之前一样，中间桩子可以由 `startPeg` 和 `endPeg` 的数值推导出来。在一个圆环的基线条件时，需要进行两次移动（第 4 行和第 5 行）。`numRings > 1` 时的代码遵循图 12-4 中演示的步骤，进行 3 次递归调用和两次一个圆环的移动。例如，第 11 行的第二次递归调用，就会把原先的起始桩和终止桩进行角色互换，如图 12-4 所示。

我们运行

```
aHanoi(3, 1, 3)
```

将会产生如下输出：

```
Move ring 1 from peg 1 to peg 2
Move ring 1 from peg 2 to peg 3
Move ring 2 from peg 1 to peg 2
Move ring 1 from peg 3 to peg 2
Move ring 1 from peg 2 to peg 1
Move ring 2 from peg 2 to peg 3
Move ring 1 from peg 1 to peg 2
Move ring 1 from peg 2 to peg 3
Move ring 3 from peg 1 to peg 2
Move ring 1 from peg 3 to peg 2
Move ring 1 from peg 2 to peg 1
Move ring 2 from peg 3 to peg 2
Move ring 1 from peg 1 to peg 2
Move ring 1 from peg 2 to peg 3
Move ring 2 from peg 2 to peg 1
Move ring 1 from peg 3 to peg 2
Move ring 1 from peg 2 to peg 1
Move ring 3 from peg 2 to peg 3
Move ring 1 from peg 1 to peg 2
Move ring 1 from peg 2 to peg 3
Move ring 2 from peg 1 to peg 2
```

```
Move ring 1 from peg 3 to peg 2
Move ring 1 from peg 2 to peg 1
Move ring 2 from peg 2 to peg 3
Move ring 1 from peg 1 to peg 2
Move ring 1 from peg 2 to peg 3
```

与 3 圆环 TOH 问题相比，3 圆环 ATOH 问题的移动次数增加了很多。对圆环移动的额外限制大幅增加了问题的难度。

算法设计应把算法的复杂度分析也考虑在内，而不仅是创造和编写代码。下面通过算法分析来比较一下 TOH 和 ATOH 中的移动次数。

分治算法相关的递归操作会执行很多次。对于 TOH，可写出以下式子：

$$T_n = 2T_{n-1} + 1$$

其中 T_n 是解决 n 圆环 TOH 所需的移动次数，而 T_{n-1} 是（$n-1$）圆环 TOH 的移动次数。该等式直接由之前的 TOH 图 12-2 和代码得出。因为没有圆环意味着不会发生移动，所以 $T_0 = 0$。如果重复应用上述等式，就能得到 $T_1 = 1$、$T_2 = 3$、$T_3 = 7$、$T_4 = 15$，依此类推。进行一点猜测，再加以核对，即可得出 $T_n = 2^n - 1$ 的答案。

如果读者相信梵天塔的传说，那真是个好消息，因为即便僧人每秒能移动一个圆环，用最少的移动次数，也需要用 $2^{64}-1$ 秒（或大约 5850 亿年）才能完成！太阳其实存在不了那么久，星际旅行需要在几亿年内发明出来，因为太阳可能会变得过热，致使地球无法居住。

同理，对于 ATOH，也可根据图 12-4 写出以下式子：

$$A_n = 3A_{n-1} + 2$$

其中 A_n 是解决 n 圆环 ATOH 所需的移动次数，而 A_{n-1} 是（$n-1$）圆环 ATOH 的移动次数。因为没有圆环意味着不会发生移动，所以 $A_0 = 0$。如果重复应用上述等式，就能得到 $A_1 = 2$、$A_2 = 8$、$A_3 = 26$、$A_4 = 80$，依此类推。进行一点猜测，再加以核对，即可得出 $A_n = 3^n - 1$ 的答案。

在上述示例中，$n = 3$ 时，TOH 问题需要 7 次移动，ATOH 则需要 26 次移动，与推导出来的公式完全相符。

12.3 与格雷码的关系

反射二进制码（Reflected Binary Code，RBC），因 Frank Gray 而被称为格雷码（Gray

Code），这是一种二进制数码系统，两个连续的值只相差一个二进制位或比特。格雷码被广泛应用于数字通信中的纠错工作。有趣的是，格雷码与 TOH 谜题有关。

位值 1 的格雷码就是{0, 1}，叫作 L1。通过反转 1 位编码就可以构造出位值 2 的格雷码{1, 0}，叫作 L2。把 L1 的所有项都加上前缀 0，同时把 L2 的所有项也都加上前缀 1。这样就得到了 L1′={00, 01}和 L2′={11,10}。把 L1′和 L2′拼接起来就得到了 2 位的格雷码{00, 01, 11, 10}。

通过这种方式，就可以由 2 位的格雷码生成 3 位的格雷码{000, 001, 011, 010, 110, 111, 101, 100}，接着再生成 4 位的格雷码{0000, 0001, 1211, 0010, 0110, 0111, 0101, 1100, 1100, 1101, 1111, 1110, 1010, 1011, 1001, 1000}，依此类推。

如果一个 TOH 问题带有 n 个圆环，就需要一个 n 位的格雷码。然后格雷码会表明需要进行的移动操作！在 TOH 中有 2^n-1 次移动，对应 2^n 长度的格雷码中的 2^n-1 次移位。最小的圆环对应最右侧的最低有效位（least significant），最大的圆环则对应最左侧的最高有效位（most significant）。移动的圆环对应变动的数位。例如，从 000 变为 001 时，就是移动最小的圆环。可是要移至哪个桩子上呢？如果桩子可以选择，那么这就很有关系了。

对于最小的圆环，总有两个桩子可供移入。对于其他圆环，则只有一种可能。如果圆环数量是奇数，则最小的圆环会顺着以下顺序移动，起始桩→终止桩→中间桩→起始桩→终止桩→中间桩，依此类推。如果圆环数量是偶数，则顺序必须是起始桩→中间桩→终止桩→起始桩→中间桩→终止桩，依此类推。请尝试一下 3 个和 4 个圆环的情况。

12.4　习题

难题 1　假设有 4 个桩子。有一种方法可以减少 n 个圆环需要移动的次数，就是将问题分解成两个 $n/2$ 圆环问题，如图 12-5 所示。在图 12-5 所示的每一步中，均可各选用 3 个桩子来调用经典的汉诺塔处理过程。本次练习不妨假设 n 为偶数。

例如，在第 1 步调用经典汉诺塔处理过程时，可选择中间两个桩子中的任意一个作为中间桩，终止桩则是第 4 个桩子。

在第 2 步调用经典汉诺塔处理过程时，因为要处理下半部分的圆环，编号是从 $n/2+1$ 到 n，所以必须对圆环进行合适的编码，此外还必须能将移动的步骤正确打印出来。

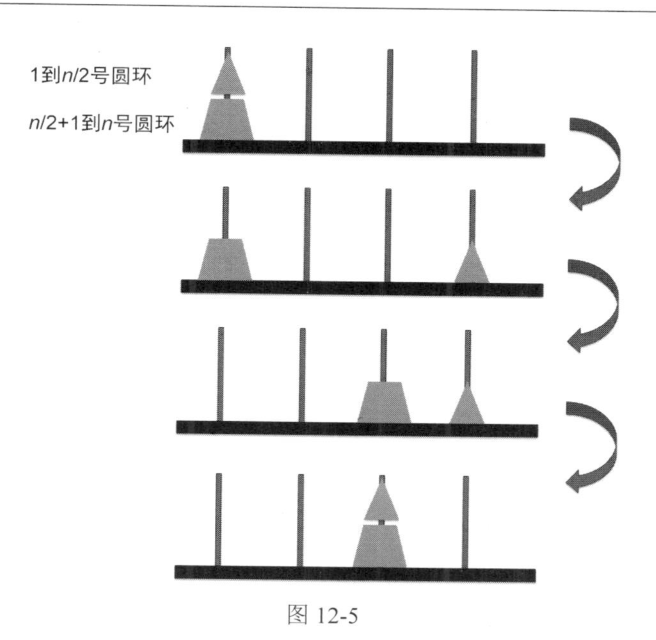

图 12-5

在第 3 步调用经典汉诺塔处理过程时，起始桩是第 4 个桩子，目标是第 3 个桩子（经典汉诺塔问题的标准终止桩），前两个桩子中可选一个作为中间桩。请编写解决方案模拟图 12-5 中的步骤。在该解决方案中，$n = 8$ 时应该需要 45 次移动，这比 3 桩版本所需的 255 次移动要少很多。在解决每个 3 桩经典汉诺塔问题时，都需要 $2^{8/2} - 1 = 15$ 次移动。

难题 2 其实上面的解决方案还可以做得更好。在第 1 步和第 3 步中，可以用两个“中间”桩。在第 1 步和第 3 步中递归调用 4 桩汉诺塔（如图 12-5 所示）的算法，可以优化代码。$n = 8$ 时，这应该能将所需的移动次数减至 33 次。本习题不妨假设 $n = 2^k$。如果读者对如何进一步减少移动次数感兴趣，可在维基百科上查找 Frame-Stewart 算法。简而言之，那个算法选择一个最优的 $k < n$，并将问题分解为 k 个和 $n - k$ 个圆环问题。

难题 3 在环形汉诺塔（Cyclic Hanoi）问题中，有 3 个编号为 1、2 和 3 的桩子，如图 12-6 所示，排成圆形，顺时针和逆时针方向分别定义为 1→2→3→1 和 1→3→2→1。

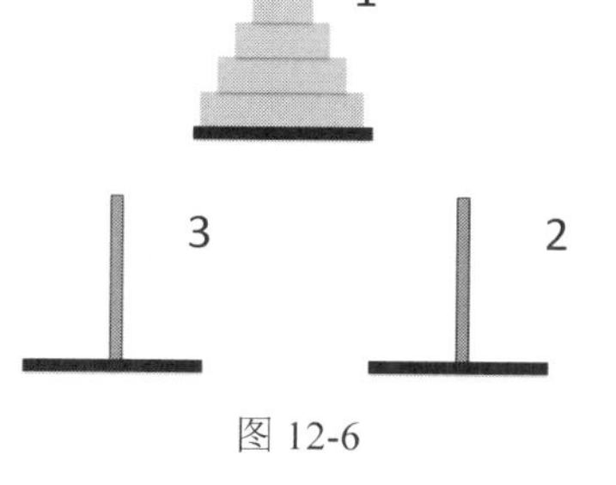

图 12-6

圆环只能顺时针移动。假定在 1 号桩上有 n 个环，设计并编写递归过程将圆环移至 2 号桩。

这里需要两个相互递归的过程，一个解决相邻顺时针目标桩的 n 圆环问题，另一个解决相邻逆时针目标桩的 n 圆环问题。

顺时针处理过程从 1→3 逆时针移动 $n-1$ 个圆环，再从 1→2 顺时针移动最底部圆环，再从 3→2 逆时针移动 $n-1$ 个圆环。在一个圆环的基线条件时只是顺时针移动一次。

因为只允许顺时针移动，所以逆时针处理过程会更复杂一些。其基线条件下相当于将进行两次单圆环的顺时针移动。$n-1$ 个圆环的逆时针和顺时针过程都需要调用，才能完成这两种移动。

当 $n=3$ 时，应该会得到以下结果。

```
Move ring 1 from peg 1 to peg 2
Move ring 1 from peg 2 to peg 3
Move ring 2 from peg 1 to peg 2
Move ring 1 from peg 3 to peg 1
Move ring 2 from peg 2 to peg 3
Move ring 1 from peg 1 to peg 2
Move ring 1 from peg 2 to peg 3
Move ring 3 from peg 1 to peg 2
Move ring 1 from peg 3 to peg 1
Move ring 1 from peg 1 to peg 2
Move ring 2 from peg 3 to peg 1
Move ring 1 from peg 2 to peg 3
Move ring 2 from peg 1 to peg 2
Move ring 1 from peg 3 to peg 1
Move ring 1 from peg 1 to peg 2
```

谜题 13

没条理的工匠

本谜题涵盖的编程结构和算法范型：原地围绕基准点分拣、递归式原地排序。

有个工匠的包里装着一整套大小不一的螺母和螺栓。每个螺母都是独一无二的，并且有个唯一对应的螺栓，但是没条理的工匠把他们一股脑装入一个包中，混在了一起，如图 13-1 所示。如何将这些螺母按最佳方案进行排序并分别与对应的螺栓拧在一起呢？

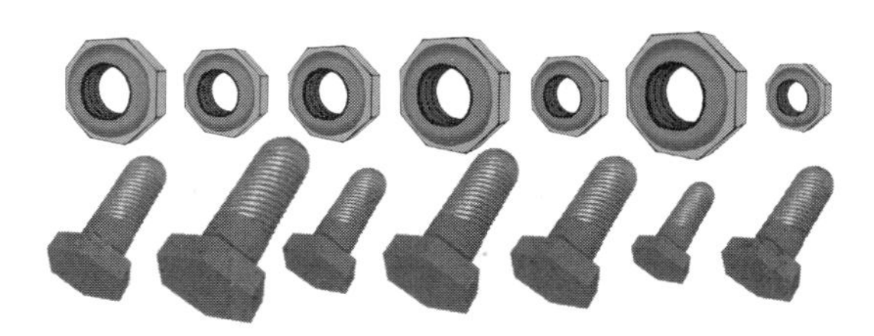

图 13-1

假定有 n 个螺母和 n 个螺栓，工匠可以先任意取出一个螺母，再拿每个螺栓都试试，找出合适的那个。然后他就可以把配成对的螺母和螺栓收好，问题的范围变成了 $n-1$。这表示他已完成了 n 次比较而将问题范围缩减 1。后面的 $n-1$ 次比较则会把问题范围缩减至 $n-2$，依此类推。总共需要比较 $n+(n-1)+(n-2)+\cdots+1=n(n+1)/2$ 次。或许读者会认为，最后一次比较是没有必要的，因为只剩下一个螺母和一个螺栓了，但这次比较称为确认比较。

能否让需要比较的次数再减少一些呢？再具体一点，能否将螺母和螺栓对半分成两组，得到两个 $n/2$ 大小的问题再加以解决呢？这样，如果工匠有个帮手，他俩就可以并行工作。当然，如果有更多好心人愿意帮忙，就可以递归地应用这一策略，每个问题都是 $n/2$ 大小。

遗憾的是，只是简单地把螺母分成数量大致相等的两堆 A 和 B，再将螺栓也分成数量差不多的两堆 C 和 D，这没有用。假如想把 A 堆的螺母和 C 堆的螺栓对应起来，组成一堆螺母-螺栓组合，那么 A 堆的螺母很有可能与 C 堆的任何螺栓都不匹配，与之匹配的螺栓在 D 堆中。图 13-2 中给出的就是一个例子。

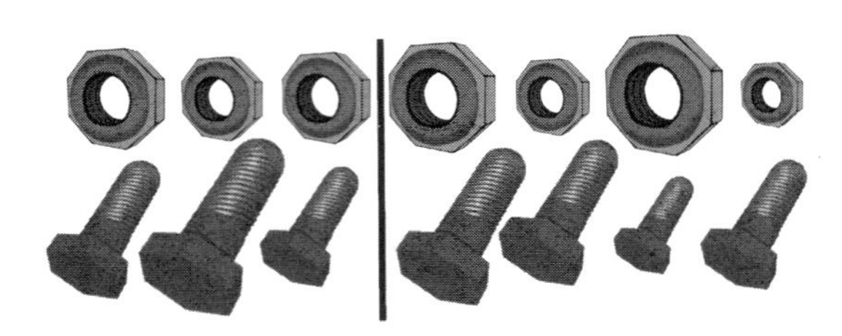

图 13-2

不妨认为左侧是 A 堆和 C 堆，右侧是 B 堆和 D 堆。最大的螺栓位于左侧（左起第二个），而最大的螺母则位于右侧（右起第二个）。

读者能想到一种递归分治策略来解决螺栓螺母问题，使得 n 很大时的比较次数明显少于 $n(n + 1)/2$ 吗？

在设计分治策略时，必须确定问题该如何分解，以便让子问题与原问题基本相同，只是范围变小了。在螺母螺栓问题中，多个螺母的任意分拣（即与螺栓的分拣无关）不会有用。必须以某种方式确保子问题能够独立得以解决，显然这意味着，在子问题涉及的螺母-螺栓集中，每个螺母对应的螺栓必须都包含在集合中。

13.1　分治时的围绕基准点分拣

围绕基准点进行分拣（pivoting）是本谜题分治算法的关键思路。这里先选出一个螺栓，称为基准点螺栓，并用它来确定哪一堆螺母太小、哪一个正好匹配、哪一堆螺母则太大。按这种思路将螺母分成 3 堆，中间一堆的数量为 1，其中包含已匹配成对的螺母。这样在此过程中，找到了一对匹配的螺母和螺栓。利用这个已匹配成对的螺母，也就是基准点螺母，现在可以将螺栓分成两堆，一堆比基准点螺母大，另一堆比基准点螺母小。较大的螺栓将和比基准点螺栓大的螺母放入一组，较小的螺栓将和比基准点螺栓小的螺母放入一组。

现在全体“大”螺母和“大”螺栓组成了一堆，全体小螺母和小螺栓组成了一堆。基准点螺栓选得不一样，两堆螺母的数量就可能不同。但只要初始问题中的螺母和螺栓都能匹配上，就能保证每堆中的螺母数量与螺栓数量一致。此外，所有螺栓对应的螺母都能保证位于同一堆中。

本策略必须与基准点螺栓进行 n 次比较，才能将螺母分成两堆。在比较过程中，将会找到基准点螺母。然后再进行 $n-1$ 次比较，将螺栓分拣并添加到螺母堆中。这总共是 $2n-1$ 次比较。假设选中了一个中等大小的基准点螺母，那就会得到两个数量约为 $n/2$ 的子问题。再大约通过总共 $2n$ 次比较，就可将这两个 $n/2$ 大小的问题再次拆分为 4 个 $n/4$ 大小的问题。

每步的问题大小都会减半，而不是只递减 1，这是一件很舒服的事情。假如 n=100。那么原来的策略需要进行 5050 次比较。在新的策略中，通过 199 次比较就能得到两个子问题，每个子问题的大小大致为 50。即便对每个子问题采用原策略，也只需要对每个子问题进行 1225 次比较，总共只需要 $199 + 1225 \times 2 = 2649$ 次比较。当然，可以进行递归式的分治。实际上，如果每个问题都能大致分成两半[①]，那么递归策略中的比较次数将以 $n \log_2 n$ 的速度增长，而原策略将是 n^2 次。在平方根谜题（谜题 7）中已经得出过相关结果了。

本谜题与应用最广泛的快速排序（quicksort）算法有着很深的渊源。快速排序有赖于以上介绍的围绕基准点分拣的概念。

13.2　与排序算法的关系

假定有如图 13-3 所示的 Python 列表，这是数组的实现形式，其元素均是唯一的。[②]

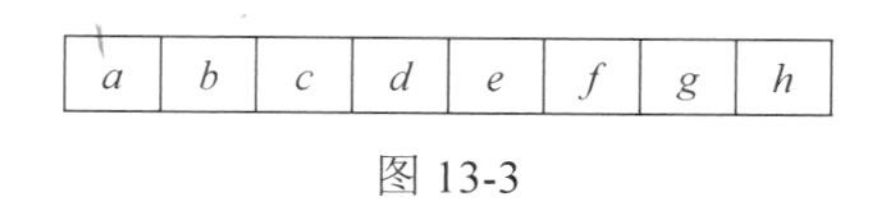

图 13-3

现在要按升序对列表进行排序。任选一个基准点元素，假定选择了 g，不过也可简单地选择最后一个元素 h。现在将列表划分（partition）为两个子列表，其中左子列表包含小于 g 的元素，右子列表包含大于 g 的元素。这两个子列表均未经排序，也就是左子列表中小于 g 的元素是乱序的。现在列表如图 13-4 所示。

小于g的元素	g	大于g的元素

图 13-4

① 这并不简单。因为必须在每堆要分拣的螺母中选出一个，使得大约一半的螺母比它大，另一半的螺母则比它小。

② 以下给出的排序算法和代码同样适用于列表元素不唯一的情况，但假定元素唯一更易于描述算法。

有一个现象很不错，对左子列表进行排序可以不影响 g 的位置，右子列表也是如此。一旦这两个子列表排序完成，就大功告成了！

下面是递归分治式快速排序算法的一种可能的实现。首先介绍递归结构的代码，然后是围绕基准点进行分拣步骤的：

```
1.    def quicksort(lst, start, end):
2.        if start < end:
3.            split = pivotPartition(lst, start, end)
4.            quicksort(lst, start, split - 1)
5.            quicksort(lst, split + 1, end)
```

函数 quicksort 的参数为对应于待排序数组的 Python 列表，以及列表的开始和结束索引。列表元素从 lst[start]到 lst[end]。当然，可以假定起始索引是 0，结束索引为列表的大小减 1，但如你所见，要求用索引作为参数的优点，就是不需要像 N 皇后谜题（谜题 10）和庭院满铺谜题（谜题 11）那样必须带有封装函数。值得注意的是，该过程会对参数中待排序的列表 lst 做修改，并且没有返回值。

如果 start 等于 end，那么列表中就只有一个元素，它就不需要排序，这就是基线条件，这时不需要对列表做出修改。如果列表中有两个或两个以上的元素，就必须对列表进行拆分。函数 pivotPartition 从列表中选择一个基准点元素（在上例中为 g）并修改列表，使得小于基准值的元素位于基准点元素之前，而大于基准值的元素位于基准点元素之后。其返回值是基准点元素的索引。有了基准点元素的索引，通过将索引 start 和 end 传给递归调用，就可以简单有效地拆分列表了。这就是把这两个索引作为函数 quicksort 的参数的主要原因。因为索引 end 指示的元素就是列表的一部分，所以 lst[split]都不需要动，两处递归调用分别对应于 lst[start]到 lst[split - 1]（第 4 行）和 lst[split + 1]到 lst[end]（第 5 行）。

剩下的工作就是实现 pivotPartition，它在索引 start 和 end 之间挑选出一个基准点元素，并对参数列表中索引 start 和 end 之间的元素做出适当修改。下面是 pivotPartition 的第一种实现：

```
1.    def pivotPartition(lst, start, end):
2.        pivot = lst[end]
3.        less, pivotList, more = [], [], []
4.        for e in lst:
5.            if e < pivot:
6.                less.append(e)
7.            elif e > pivot:
```

```
 8.                 more.append(e)
 9.             else:
10.                 pivotList.append(e)
11.         i = 0
12.         for e in less:
13.             lst[i] = e
14.             i += 1
15.         for e in pivotList:
16.             lst[i] = e
17.             i += 1
18.         for e in more:
19.             lst[i] = e
20.             i += 1
21.         return lst.index(pivot)
```

函数体的第一行将基准点元素选为列表的最后一个元素（第 2 行）。在本谜题的螺栓螺母问题中希望找到一个中间大小的基准值，这里也希望能选出一个元素，使得大约一半的元素小于它，而另一半元素则大于它。这里不会去搜索出最佳的基准值，因为这可能需要执行大量的计算。如果假设输入列表一开始就是随机的，那么任何元素成为“中等”元素的概率是一样的。因此这里选择最后一个元素作为基准点。注意，在拆分后的列表中，较小和较大元素的顺序仍然是随机的，因为在 pivotPartition 中没有对它们进行排序。因此可以继续递归地选择最后一个元素作为基准值，仍将得到大小大致相等的拆分后的列表。这意味着，quicksort 平均起来只需要 $n\log_2 n$ 次比较，即可对拥有 n 个元素的初始列表进行排序。在某种非正常的情况下，它可能需要 n^2 次操作，在习题中将会探究快速排序的表现。

现在有了 3 个列表，分别包含了小于基准值的元素（less）、等于基准值的元素（pivotList）和大于基准值的元素（more）。因为列表中可能包含重复值，重复值有可能被选为基准值，所以 pivotList 也是列表。第 3 行将这 3 个列表初始化为空列表。第 4～10 行将对输入的列表 lst 进行扫描，生成上述这 3 个列表。第 11～20 行对 lst 进行修改，使之先包含 less 中的元素，接着是 pivotList 中的元素，然后是 more 中的元素。

函数最后将返回基准点元素的索引。如果列表中包含重复元素，特别是基准点元素有重复，则会返回基准值第一次出现时的索引。这意味着，quicksort 中的第二次递归调用（第 5 行）操作的（子）列表，其第一个元素将会等于基准值。这些重复元素仍将位于（子）列表的前部，因为其他元素都大于基准值。

13.3　原地划分

以上实现代码没有发挥出快速排序算法的主要优点，因为划分（partition）操作不需要占用额外的列表/数组存储空间即可完成。划分操作是指将原列表/数组变成 g 的位置固定的列表，并且两边的子列表虽未经排序但满足与 g 之间的有序关系。

谜题 11 中给出的归并排序算法，在最坏的情况下也只需要经过 $n \log_2 n$ 次比较。在划分的过程中，归并排序保证两个子列表的大小最多相差一个元素。归并排序的所有工作都是在归并这一步完成的。在快速排序算法中，根据基准值进行的划分（partition）或分隔（split）是主要步骤，而归并这一步则微不足道。归并排序在归并这一步需要占用额外的临时列表存储空间，而快速排序则不需要，后续将会介绍。

虽然在谜题 2 的选择排序算法的代码中，同样不必为待排序的列表生成副本，但它的速度相当慢。选择排序算法包含两个嵌套循环，每个循环大约要运行 n 次，n 是待排序列表的大小。这意味着它最多需要进行 n^2 次比较，类似于之前讨论过的最简单的螺母螺栓配对算法，该算法需要 $n(n + 1)/2$ 次比较。

快速排序是应用最广泛的排序算法之一，因为它平均只需要进行 $n \log_2 n$ 次比较。如果 pivotPartition 实现得比较巧妙，则不需要占用额外的列表存储空间，代码如下：[1]

```
1.    def pivotPartitionClever(lst, start, end):
2.        pivot = lst[end]
3.        bottom = start - 1
4.        top = end
5.        done = False
6.        while not done:
7.            while not done:
8.                bottom += 1
9.                if bottom == top:
10.                   done = True
11.                   break
12.               if lst[bottom] > pivot:
13.                   lst[top] = lst[bottom]
14.                   break
```

① 其他只需 $n \log n$ 次比较的递归排序算法，通常需要分配额外的内存空间，这部分额外内存的需求会随着待排序列表的大小同步增长。

```
15.             while not done:
16.                 top -= 1
17.                 if top == bottom:
18.                     done = True
19.                     break
20.                 if lst[top] < pivot:
21.                     lst[bottom] = lst[top]
22.                     break
23.         lst[top] = pivot
24.         return top
```

上述代码与第一个版本有很大的差别。这段代码中第一点需要注意的，就是它只在输入列表 `lst` 上工作，除了有一个变量 `pivot` 存储列表元素，它没有分配额外的列表/数组空间用于存储列表元素。列表变量 `less`、`pivotList`、`more` 都消失了。此外，它只会修改开始和结束索引之间的列表元素。该过程采用了原地（in-place）围绕基准点分拣的做法，只会交换列表元素的位置，而不会像第一版的过程那样进行从一个列表到另一个列表的大规模复制。

理解这个过程最容易的方式就是用一个例子。假设要对以下列表进行排序：

```
a = [4, 65, 2, -31, 0, 99, 83, 782, 1]
quicksort(a, 0, len(a) - 1)
```

第一次原地围绕基准点分拣到底是如何完成的呢？基准值是最后一个元素 `1`。在第一次调用 `pivotPartitionClever` 时，参数 `start = 0`、`end = 8`。这就意味着 `bottom = -1`、`top = 8`。首先进入外层 **while** 循环，然后是第一个内层 **while** 循环（第 7 行）。变量 `bottom` 递增至 `0`。从列表左侧开始，向右搜索大于基准元素 `1` 的元素。第一个元素 `a[0] = 4 > 1`。于是将该元素复制到 `a[top]`，那里存放着基准值。此时，在列表中存在着重复的元素值 `4`，但不用担心，基准值还在，因为已将其保存在变量 `pivot` 中了。如果在第一个内层 **while** 循环完成后把列表和变量 `bottom` 和 `top` 打印出来，应该会看到以下结果：

```
[4, 65, 2, -31, 0, 99, 83, 782, 4] bottom = 0 top = 8
```

下面进入第二个内层 **while** 循环（第 15 行）。从列表右侧 `a[7]` 向左搜索小于基准元素 `1` 的元素，变量 `top` 在搜索之前递减。`top` 会持续递减，直至遇到元素 `0`，此时 `top = 4`，因为 `a[4] = 0`。然后将 `0` 复制到 `a[bottom = 0]`。请记住，此前已将 `a[bottom]` 复制到 `a[8]`，因此列表中所有元素都不会丢失。这时会产生如下结果：

```
[0, 65, 2, -31, 0, 99, 83, 782, 4] bottom = 0 top = 4
```

目前已得到了一个大于基准元素 1 的元素 4，并将其直接放入了列表的右半部分。而且还得到了一个小于基准元素 1 的元素 0，并将其直接放入了列表的左半部分。

下面进入外层 **while** 循环的第二次迭代。第一个内层 **while** 循环会产生以下结果：

```
[0, 65, 2, -31, 65, 99, 83, 782, 4] bottom = 1 top = 4
```

左侧发现了 65>1，并将其复制到 a[top = 4]。然后第二个内层 **while** 循环会产生以下结果：

```
[0, -31, 2, -31, 65, 99, 83, 782, 4] bottom = 1 top = 3
```

从 top = 4 开始向左移动，发现了-31 < 1，并将其复制到 a[bottom = 1]。

在外层 **while** 循环的第二次迭代中，将元素 65 移动到列表的右半部分，那里位于 65 右侧的所有元素都大于基准元素 1。还将-31 移动到列表的左半部分，-31 左边的所有元素都小于基准元素 1。

下面开始外层 **while** 循环的第三次迭代。第一个内层 **while** 循环会产生以下结果：

```
[0, -31, 2, 2, 65, 99, 83, 782, 4] bottom = 2 top = 3
```

这时发现了 a[bottom = 2] = 2 > 1 并将其移至 a[top = 3]。第二个内层 **while** 循环递减 top，发现它等于 bottom，于是将 done 置为 **True**，并跳出第二个内层 **while** 循环。由于 done 为 **True**，因此不会再继续执行外层 **while** 循环了。

然后设置 a[top = 2] = pivot = 1（第 23 行）并返回基准元素 1 的索引，也就是 2。此时的列表 a 如下所示：

```
[0, -31, 1, 2, 65, 99, 83, 782, 4]
```

现在确实已经实现了围绕元素 1 的数据分拣。

当然，目前完成的全部工作，只是将原列表拆分为两个大小分别为 2 和 6 的子列表。还需要对这两个子列表进行递归排序。对于第一个包含两个元素的子列表，将选取-31 作为基准元素，并生成结果-31, 0。对于第二个子列表，将选取 4 作为基准元素，并继续分拣过程。

最后，值得注意的是与过程 pivotPartition 不同，pivotPartitionClever 假定将基准元素选为列表的最后一个元素。因此赋值语句 pivot = lst[end]（第 2 行）

对于程序的正确运行至关重要。

13.4　排序也疯狂

排序在数据处理过程中是如此重要，以至于排序算法有数百种之多。本书尚未提及插入排序和堆排序，这两者都属于原地排序技术。

插入排序在最坏的情况下需要进行 n^2 次比较，针对小型列表或大致有序的列表效率相对较高。插入排序始终在列表的低位维护已经排序的子列表。然后每个新元素都会插回前面的有序子列表中，使得该有序子列表每次增加一个元素。

堆排序是选择排序的一种效率更高的版本，最坏情况下只需要进行 $n \log n$ 次比较。它的工作原理也是确定列表的最大（或最小）元素并将其放至列表的末尾（或开头），然后继续处理其余列表元素，但它利用一种名为“堆”的数据结构来高效完成这一过程。

Python 为列表提供了内置的排序函数。假定有列表 `L`，只要调用 `L.sort` 即可对列表进行排序。列表 `L` 的数据会被修改。`L.sort` 内部使用了一种名为 Timsort 的算法，该算法需要 $n \log n$ 次操作，并占用一定的临时列表存储空间。Timsort 不是一种单独的算法，而是一个混合体，也就是几种其他算法的有效组合。它将列表拆分为多个列表，每个列表都会用插入排序算法进行排序，并借用归并排序的技术将结果归并在一起。

读者也许会发现，`L.sort` 明显比本书的 `quicksort` 代码要快些，但这主要是因为 `sort` 是用低级语言精心编写的内置函数，而并不是因为算法的改进。

13.5　习题

习题 1　请对 `pivotPartitionClever` 进行修改，使其不仅返回基准值，还要对元素移动次数进行计数并返回结果。在 `pivotPartitionClever` 中，移动列表元素的操作只有两处地方。请将所有 `pivotPartitionClever` 调用中的元素移动次数累加起来，并在排序完成后打印出合计数。这意味着过程 `quicksort` 应在其 `pivotPartitionClever` 调用和两个递归调用中对所有元素移动进行计次，并应返回计次结果。

当在示例列表 `a = [4, 65, 2, 31, 0, 09, 83, 782, 1]`上运行 `quicksort` 时，共有 9 次移动。为了进一步验证自己实现的代码，请在 `L = list(range(100))` 生成的列表上运行 `quicksort`，这样生成的列表是从 `0` 到 `99` 的数字组成的升序列表，请检验一下是否没有进行移动操作。然后用 D = list(range(99, -1, -1)) 创建降序列表 D。并在列表 D 上运行 quicksort。

假设 D 有 n 个元素，请给出一个近似公式，表示在列表 D 这种情况下 quicksort 将会执行多少次移动操作。

习题 2　元素移动的次数并不是计算复杂度的最佳指标，因为只有在 pivotPartitionClever 中第 12 行和第 20 行的比较返回 **True** 时才会进行移动操作。请用与习题 1 相同的方式计算 pivotPartitionClever 两个内层 **while** 循环的迭代次数。对于列表 a = [4, 65, 2, 31, 0, 99, 83, 782, 1]，请验证所有递归调用过程中的两个循环共有 24 次迭代。

请按以下方式准确生成 100 个数字组成的“随机顺序”列表：

```
R = [0] * 100
R[0] = 29
for i in range(100):
    R[i] = (9679 * R[i-1] + 12637 * i) % 2287
```

请确认列表 L、D 和 R 各需多少迭代次数。给出一个近似公式，表示对于习题 1 中的列表 D，假设 D 有 n 个元素，则 quicksort 需要执行多少次迭代。请对 D 与 R 所需迭代次数的差异做出解释。

提示：请考虑这两种情况下拆分列表的大小。

难题 3　有一个与排序相关的问题，就是在未排序的数组中找到第 k 小的元素。假设所有元素均不相同，以避免存在重复元素时说不清楚第 k 小的元素指的是哪一个。解决这个问题的一种方案是先进行排序，再输出第 k 个元素，但我们想要更快的方案。

注意，在快速排序中，分拣步骤完成后就能得知哪边的子列表中包含要找的元素，只要查看子列表的大小即可。所以只需要递归检查一个子列表即可，而不是两个。举个例子，假设要找的是上述列表中第 17 个最小元素。在分拣操作完成后，小于基准值的子列表（不妨称其为 LESS）的大小为 100。然后只需要找到 LESS 中第 17 小的元素即可。如果 LESS 子列表的大小正好为 16，那么只需返回基准值即可。反之，如果 LESS 子列表的大小为 10，那么原列表中第 17 小的元素就需要在列表 GREATER 中查找，也就是包含大于基准值的元素的子列表。

请按照上述思路将 quicksort 修改为 quickselect。

提示：既不需要在递归调用中修改 k，也不需要修改 pivotPartitionClever。

谜题 14

再也不玩数独了

本谜题涵盖的编程结构和算法范型：全局变量、集合及其操作、带推理的穷举递归搜索。

数独是一种很流行的有关数字放置位置的谜题。给定一个部分填充的 9 × 9 数字网格，数字是从 1 到 9。目标是要用 1～9 的数字填满全部格子，且鉴于以下规则：在每列每行 9 个组成网格的 3 × 3 子网格或区块（sector）中，每个 1～9 的数字都只能出现一次。

这些规则可用于确定缺失的是什么数字。在图 14-1 所示的谜题中，有几个子网格缺了些数字。对行或列进行扫描即可得知某个子网格中缺失数字的位置。

在上述例子中，可以确定顶部中间子网格里 8 的位置。8 不能放在中间子网格的中间行或底部行，而只能放在图 14-2 所示的位置。

	a	b	c	d	e	f	g	h	i
1				1		4			
2			1				8		
3		8		7		3		6	
4	9		7				1		6
5									
6	3		4				5		8
7		5		2		6		3	
8			9				6		
9				8		5			

图 14-1

	a	b	c	d	e	f	g	h	i
1				1	8	4			
2			1				8		
3		8		7		3		6	
4	9		7				1		6
5									
6	3		4				5		8
7		5		2		6		3	
8			9				6		
9				8		5			

图 14-2

本谜题的目标是要编写一个数独求解程序，可以递归搜索应放入空白位置的数字。最简单的求解程序并不遵循上述的人类思考策略，它在某个位置先猜测一个数字，再确定猜测结果是否违反规则。如果不违反，则继续猜测其他位置的其他数字。如果它检测到违规，则会修改最近一次猜测。这类似于谜题 10 中的 *N* 皇后搜索策略。

这里需要一个递归式的数独求解程序，以便能解决任何一个数独谜题，无论已填入了多少个数字。然后再向该求解程序加入“人类智能”（human intelligence）。

读者能按照谜题 10 的 *N* 皇后的代码结构，编写一个递归式的数独求解程序吗？

14.1　递归式数独求解

下面的代码是最简单的递归式数独求解程序的最外层函数。网格用名为 `grid` 的二维数组/列表表示，值 `0` 表示该位置是空着的。通过按既定顺序搜索空格子、猜测每个空格子的值并在出错时进行回退（撤销猜测结果），就可以把网格的所有位置都填满。

```
1.     backtracks = 0

2.     def solveSudoku(grid, i=0, j=0):
3.         global backtracks
4.         i, j = findNextCellToFill(grid)
5.         if i == -1:
6.             return True
7.         for e in range(1, 10):
8.             if isValid(grid, i, j, e):
9.                 grid[i][j] = e
10.                if solveSudoku(grid, i, j):
11.                    return True
12.                backtracks += 1
13.                grid[i][j] = 0
14.        return False
```

`solveSudoku` 有 3 个参数，为了便于调用，最后两个参数提供了默认参数值 `0`。这样初次调用时，就可以简单地对输入网格 `input` 调用 `solveSudoku(input)`。该次调用的最后两个参数将设为 `0`，但在递归调用时根据 `input` 中空格子的位置不同，这两个参数将是不同值。这与谜题 13 中过程 `quicksort` 的做法类似。

过程 `findNextCellToFill` 将按照既定顺序搜索网格，找到第一个值为 `0` 的空格子，稍后会给出代码和解释。如果该过程找不到空格子，则谜题成功解决。

过程 `isValid` 检查当前已部分填入数字的网格是否违反数独规则，这也将在后续给出代码和解释。这让人想起谜题 4 和谜题 10 中的 `noConflicts`，它同样也对部分棋局（configuration）进行操作，部分棋局即尚未达到 *N* 皇后时的棋局。

`solveSudoku` 的第一个要点是，只对一份 `grid` 进行操作并修改。正如谜题 10 的 *N* 皇后问题一样，`solveSudoku` 也是原地递归搜索。因此在某次猜测的递归调用返回 **False** 之后，必须把填错数字的位置的值（第 9 行）改回 0（第 13 行），然后继续循环。可以看到，其实只需要在 **for** 循环终止之后再做回写即可，因为 **for** 循环的下一次迭代会用新的猜测值覆盖 `grid[i][j]`。如果因为前面的一次猜测有误且所有递归调用都失败，`solveSudoku` 的调用失败，则需要在返回 **False** 之前确保本次调用没有对 `grid` 做出修改。以下代码同样有效，其中第 13 行位于 **for** 循环之外。

```
7.     for e in range(1, 10):
8.         if isValid(grid, i, j, e):
9.             grid[i][j] = e
10.            if solveSudoku(grid, i, j):
11.                    return True
12.                backtracks += 1
13.    grid[i][j] = 0
14.    return False
```

或许 `global` 是之前未遇到过的一种编程结构。全局变量能在函数的多次调用之间保持状态，例如，要对进行了多少次递归调用进行跟踪，用它就很方便。这里将 `backtracks` 作为全局变量，代码文件一开始将其设为 0，并在每次意识到猜测出错需要撤销时进行递增。请注意，为了能在 `sudokuSolve` 中使用 `backtracks`，必须在函数中将其声明为 `global`。

对回退次数（backtrack）进行计数，这是一种很好的与平台无关的性能评测方式。回退次数越多，程序运行的时间通常就越长。

下面来看一下由 `sudokuSolve` 发起调用的过程。`findNextCellToFill` 按照既定的顺序搜索空的格子，从最左边的列开始向右逐列移动。只要能保证在递归搜索的任何时刻当前网格中的所有空格子都不会被遗漏，就可以采用任意顺序进行搜索。

```
1.    def findNextCellToFill(grid):
2.        for x in range(0, 9):
3.            for y in range(0, 9):
4.                if grid[x][y] == 0:
```

```
5.                    return x, y
6.        return -1, -1
```

该过程返回第一个空格子在网格中的位置，取值范围可能从 0, 0 直到 8, 8。因此，如果没有空格子，就返回-1, -1。

下面的过程 isValid 体现了数独的规则。它的参数是已部分填充的数独 grid 和要新填入 grid[i, j]中的 e，并检查 e 的填入是否违反任何规则。

```
1.    def isValid(grid, i, j, e):
2.        rowOk = all([e != grid[i][x] for x in range(9)])
3.        if rowOk:
4.            columnOk = all([e != grid[x][j] for x in range(9)])
5.            if columnOk:
6.                secTopX, secTopY = 3 *(i//3), 3 *(j//3)
7.                for x in range(secTopX, secTopX+3):
8.                    for y in range(secTopY, secTopY + 3):
9.                        if grid[x][y] == e:
10.                           return False
11.               return True
12.       return False
```

以上过程首先会检查每一行，看看是否都不存在数字为 e 的元素（第 2 行），这通过运算符 **all** 来完成。第 2 行相当于 x 从 0 到 8，迭代遍历 grid[i][x]，如果有任何一项等于 e 就返回 **False**，否则返回 **True**。如果该检查通过，则在第 4 行检查 j 对应的列。如果列检查也通过，则找到 grid[i, j]所在的子网格（第 6 行）。然后检查子网格中的任何现有数字是否等于 e（第 7～10 行）。

注意，isValid 与 noConflicts 一样，只会检查新填入项是否违反数独规则，因为它关注的是新填入项所在的行、列和子网格。例如，若 i = 2、j = 2 且 e = 2，那它就不会检查第 i 行上是否存在两个 3。因此每当有新数字填入时都得调用 isValid，这一点十分重要，solveSudoku 正是如此。

最后，以下给出了简单的打印过程，使输出看起来多少像是已解决的数独谜题：

```
1.    def printSudoku(grid):
2.        numrow = 0
3.        for row in grid:
4.            if numrow % 3 == 0 and numrow != 0:
5.                print(' ')
```

```
6.          print (row[0:3], ' ', row[3:6], ' ', row[6:9])
7.          numrow += 1
```

在打印完3行数据后，第5行会打印一行空格以生成行间距。记住，如果不设置 `end = ''`[①]，则每条 **print** 语句都会另起一行输出结果。

现在数独求解程序就可以运行了。下面是一个以二维数组/列表形式给出的谜题输入。

```
input = [[5, 1, 7, 6, 0, 0, 0, 3, 4],
         [2, 8, 9, 0, 0, 4, 0, 0, 0],
         [3, 4, 6, 2, 0, 5, 0, 9, 0],
         [6, 0, 2, 0, 0, 0, 0, 1, 0],
         [0, 3, 8, 0, 0, 6, 0, 4, 7],
         [0, 0, 0, 0, 0, 0, 0, 0, 0],
         [0, 9, 0, 0, 0, 0, 0, 7, 8],
         [7, 0, 3, 4, 0, 0, 5, 6, 0],
         [0, 0, 0, 0, 0, 0, 0, 0, 0]]
```

我们运行

```
solveSudoku(input)
printSudoku(input)
```

将会产生如下结果：

```
[5, 1, 7]  [6, 9, 8]  [2, 3, 4]
[2, 8, 9]  [1, 3, 4]  [7, 5, 6]
[3, 4, 6]  [2, 7, 5]  [8, 9, 1]

[6, 7, 2]  [8, 4, 9]  [3, 1, 5]
[1, 3, 8]  [5, 2, 6]  [9, 4, 7]
[9, 5, 4]  [7, 1, 3]  [6, 8, 2]

[4, 9, 5]  [3, 6, 2]  [1, 7, 8]
[7, 2, 3]  [4, 8, 1]  [5, 6, 9]
[8, 6, 1]  [9, 5, 7]  [4, 2, 3]
```

① Python 2.x 对 `end = ''`的处理方式不同，因此输出的结果会不一样，但肯定能输出与已解决数独谜题对应的可读结果。

检查一下，确认上述谜题已正确解决。sudokuSolve 对 input 发生了 579 次回退。如果对以下谜题运行 sudokuSolve，它就需要 6363 次回退。除去除了几个数字以外，第二个谜题与第一个谜题是一样的，去除的数字用 **0**（而不是 0）标示了出来。这给求解程序增加了难度。

```
inp2 = [[5, 1, 7, 6, 0, 0, 0, 3, 4],
        [0, 8, 9, 0, 0, 4, 0, 0, 0],
        [3, 0, 6, 2, 0, 5, 0, 9, 0],
        [6, 0, 0, 0, 0, 0, 0, 1, 0],
        [0, 3, 0, 0, 0, 6, 0, 4, 7],
        [0, 0, 0, 0, 0, 0, 0, 0, 0],
        [0, 9, 0, 0, 0, 0, 0, 7, 8],
        [7, 0, 3, 4, 0, 0, 5, 6, 0],
        [0, 0, 0, 0, 0, 0, 0, 0, 0]]
```

最简单的求解程序不像本谜题第一个数独例子那样去推断 8 的位置。利用相互垂直的行列信息，同样的技术可以再拓展一下。下面试一试在以下例子中如何在右上方子网格中放入一个 1。第 1 行和第 2 行都包含 1 了，所以目标子网格中只剩下底部行的两个空格子可用。但是，g4 格子里也有 1，因此列 g 中不允许再有 1 了，如图 14-3 所示。

这就意味着留给 1 的位置只能是 i3 了，如图 14-4 所示。

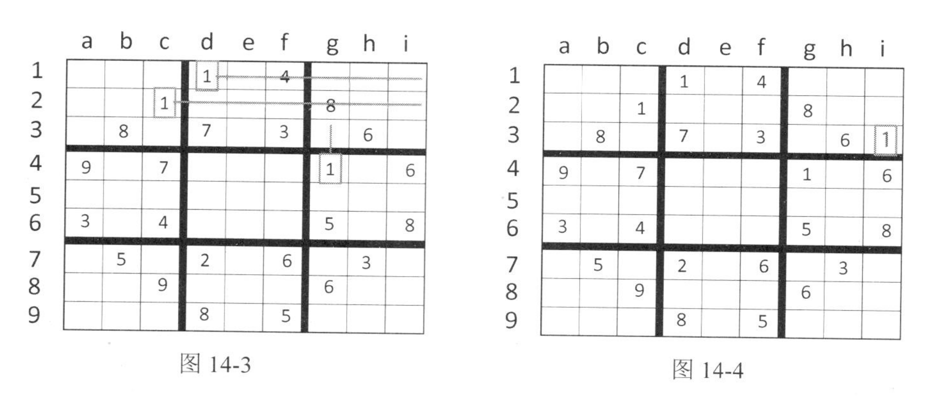

图 14-3　　　　图 14-4

读者能改进递归式数独求解程序，来执行上述或其他类型的推理吗？

14.2　递归搜索过程中的推理

在上述例子中，因为网格的当前状态即隐含（imply）了 1 的位置，所以若是求解程序能够获得这种观察，就能够推断出这个推理结果（implication）。下面将展示如何改进求解程序以实现推理过程，并看看求解程序能变得多么高效，尽管这种方式与示例中描述的还不完全一致。通过带和不带推理时分别对回退次数进行计量，就可以看出效果。推理可以大大加快判断某次对空格子的赋值是否正确的速度。

为了能正确实现上述推理，必须对求解程序做几处修改。一旦对网格的某个位置赋了值，就可以执行一次或多次推理。为了适应这些推理过程，在经过优化的求解程序中，递归搜索的代码需要略有不同。

```
 1.    backtracks = 0

 2.    def solveSudokuOpt(grid, i = 0, j = 0):
 3.        global backtracks
 4.        i, j = findNextCellToFill(grid)
 5.        if i == -1:
 6.            return True
 7.        for e in range(1, 10):
 8.            if isValid(grid, i, j, e):
 9.                impl = makeImplications(grid, i, j, e)
10.                if solveSudoku(grid, i, j):
11.                    return True
12.                backtracks += 1
13.                undoImplications(grid, impl)
14.        return False
```

变化只在第 9 行和第 13 行。在第 9 行，不仅把 `e` 填入了 `grid[i][j]`，还生成了推理结果列表并把其他网格位置状态填入其中。这些内容都必须在列表 `impl` 中“记住”。因为 `grid[i][j] = e` 的猜测有误，所以在第 13 行必须撤销对网格做出的所有改动。该行代码必须位于 **for** 循环内，因为从各次 **for** 循环迭代中得出的推理结果可能对应不同的网格位置。

既然赋值和推理结果都保存了下来，当赋值无效时就可以将它们全部回滚，这对保证结果的正确是很重要的。不然就可能无法探索整个搜索空间，也就找不到结果。要理解这一点，请查看图 14-5。

将图 14-5 中的 A、B 和 C 视为网格的位置，假设可填入的只有两个数字 1 和 2。为了讲清楚目标，这里给出一种简化后的场景。假设赋值 $A=1$、$B=1$，并且隐含了 $C=2$。在探索完 $A=1$、$B=1$ 分支后，就会回退到 $A=1$、$B=2$。正如图 14-5 左侧图片所示，此时需要探索 $C=1$ 和 $C=2$，而不像右侧图片那样只探索 $C=2$。在 $B=2$

分支中，有可能 C 仍设为 2，并且实际上也只会探索 $B = 2$、$C = 2$ 分支。因此，需要回滚与某次赋值相关的所有推理结果。

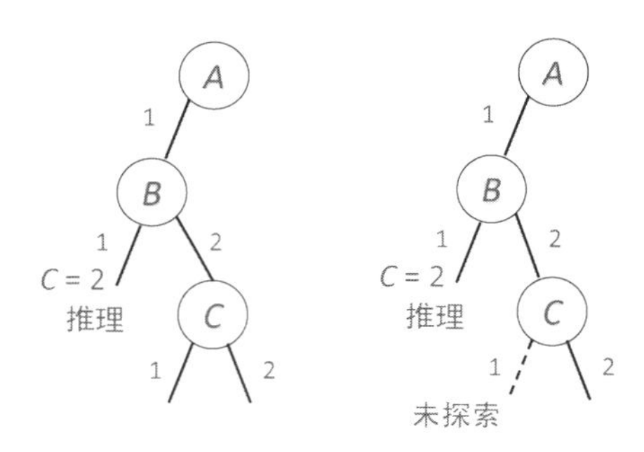

图 14-5

过程 `undoImplications` 比较简短，如下所示：

```
1.    def undoImplications(grid, impl):
2.        for i in range(len(i m pl)):
3.            grid[impl[i][0]][impl[i][1]] = 0
```

`impl` 是由三元组构成的列表，其中每个三元组的形式是 `(i, j, e)`，这表示 `grid[i][j] = e`。因为只想清空数据项，所以在 `undoImplications` 里不关心第 3 个数据项 `e`。

因为要执行主要的分析，所以 `makeImplications` 更加复杂一些。下面给出了 `makeImplications` 的伪代码，行号对应于伪代码后面给出的 Python 代码：

```
对于每个区块（子网格）：
    找到子网格中空缺的元素（第 8～12 行）
    将空缺元素集与子网格中的每个空格子关联起来（第 13～16 行）
    对于子网格中的每个空格子 s：（第 17～18 行）
        从空缺元素集中去掉 s 所在行内的所有元素（第 19～22 行）
        从空缺元素集中去掉 s 所在列内的所有元素（第 23～26 行）
        如果空缺元素集只剩 1 个数，那么：（第 27 行）
            空格子中的值可被推断为该数值（第 28～31 行）
```

Python 实现代码如下：

```
1.    sectors = [[0, 3, 0, 3], [3, 6, 0, 3], [6, 9, 0, 3],
                 [0, 3, 3, 6], [3, 6, 3, 6], [6, 9, 3, 6],
                 [0, 3, 6, 9], [3, 6, 6, 9], [6, 9, 6, 9]]
```

```
2.     def makeImplications(grid, i, j, e):
3.         global sectors
4.         grid[i][j] = e
5.         impl = [(i, j, e)]
6.         for k in range(len(sectors)):
7.             sectinfo = []
8.             vset = {1, 2, 3, 4, 5, 6, 7, 8, 9}
9.             for x in range(sectors[k][0], sectors[k][1]):
10.                for y in range(sectors[k][2], sectors[k][3]):
11.                    if grid[x][y] != 0:
12.                        vset.remove(grid[x][y])
13.            for x in range(sectors[k][0], sectors[k][1]):
14.                for y in range(sectors[k][2], sectors[k][3]):
15.                    if grid[x][y] == 0:
16.                        sectinfo.append([x, y, vset.copy()])
17.            for m in range(len(sectinfo)):
18.                sin = sectinfo[m]
19.                rowv = set()
20.                for y in range(9):
21.                    rowv.add(grid[sin[0]][y])
22.                left = sin[2].difference(rowv)
23.                colv = set()
24.                for x in range(9):
25.                    colv.add(grid[x][sin[1]])
26.                left = left.difference(colv)
27.                if len(left) == 1:
28.                    val = left.pop()
29.                    if isValid(grid, sin[0], sin[1], val):
30.                        grid[sin[0]][sin[1]] = val
31.                        impl.append((sin[0], sin[1], val))
32.        return impl
```

第 1 行声明的变量给出了 9 个子网格在网格中的索引。例如，正中间的 4 号子网格，x、y 坐标就由 3 到 5 变化。这有助于在子网格内操作时框定网格的范围。

上述代码用到了 Python 的 `set` 数据结构。空列表的声明为`[]`，相应的空集合是用`set()`进行声明的。集合中不能有重复的元素。注意，即使在集合声明中有某个数字（如 1）出现了两次，它在集合中也只会被包含一次。`V = {1, 1, 2}`与 `V = {1, 2}`是相同的。

第 8 行声明了一个包含数字 1 到 9 的集合 `vset`。第 8～12 行遍历子网格中的元素，并用函数 `remove` 将这些元素从 `vset` 中删除。为了将空缺元素集与每个空格子关联起来，创建了一个三元组列表 `sectinfo`。每个三元组包含当前子网格中空格子的 `x,y` 坐标，以及子网格中空缺元素集的副本。这里需要建立集合的副本，因为这些副本中的元素在算法的后续执行过程中会各不相同。

对于子网格中的每个空格子，都会查看 `sectinfo` 中相应的三元组（第 18 行）。利用集合的函数 `difference`（第 22 行），从 `sin[2]`（三元组的第 3 个元素）给出的空缺元素集合中删除空格子所在行中已有的元素。类似地，对空格子相关列也做同样的处理。剩下的元素存储在集合 `left` 中。

如果集合 `left` 的基数为 1（第 27 行），则可能得到一个推理结果。为什么不能确定推理一定正确呢？已有代码的实现方式是，首先计算每个子网格的空缺元素集，再为子网格中的每个空格子寻找推理结果。第一个推理结果会保存起来，可一旦做出了某个推理，该子网格就会发生变动，空缺元素集也会跟着发生改变。因此，用过时的空缺元素信息计算出来的下一步推理可能会失效。这就是在把推理结果加入列表 `impl` 之前，为什么要先检查推理结果是否违反数独规则的原因（第 29 行）。

上述优化将谜题 `input` 的回退次数从 579 减少到了 10，谜题 `inp2` 则从 6363 减少到 33。当然从实际运行角度来看，两个版本都是在几分之一秒内完成运行。这正是要在代码中包含回退计次功能的原因之一，这样就能看出上述优化确实有助于减少需要猜测的次数。

14.3　数独谜题的难度

芬兰数学家 Arto Inkala 在 2006 年宣称，他创造出了世界上最难的数独谜题，并进而在 2010 年声称有了一个更难的谜题。第一个谜题让未经优化的求解程序产生了 335578 次回退，第二个谜题则产生了 9949 次回退！求解程序在几秒内就找到了答案。公平地说，Inkala 确实预言了人类所能及的难度。Inkala 的 2010 年谜题如图 14-6 所示。

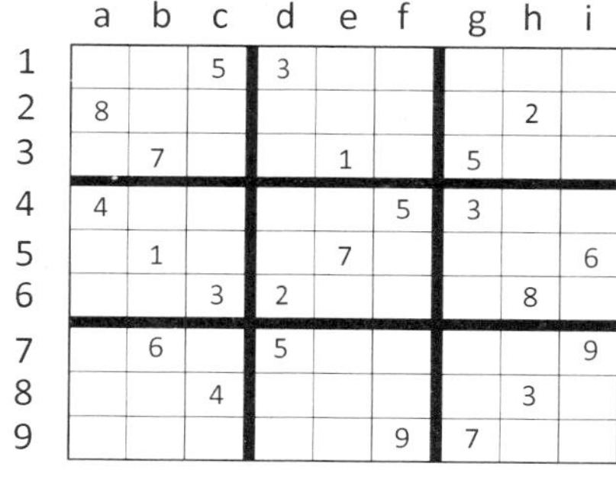

图 14-6

Peter Norvig 编写的数独求解程序用到了约束编程（constraint programming）技术，比这里给出的简单推理明显要复杂很多。因此，即便面对很难的谜题，其需要回退的次数也相当少。

建议读者去找一些不同难度级别的数独谜题，从简单到很难，看看最简单的求解程序和优化过的求解程序所需的回退次数，是如何随着难度的增加而变化的。大家可能会对结果感到惊讶！

14.4 习题

习题 1 本题要对优化过的（经典）数独求解程序进行改进。每当发现了一个推理结果，网格数据就会发生变化，可能就会发现其他的推理结果。其实这正是人类解决数独谜题的方式。优化过的求解程序遍历所有子网格，试图找到所有推理结果，然后停止。如果只扫描一遍子网格就能找到一个推理结果，就可以尝试重复整个过程（第6～31行），直到找不到推理结果为止，即不能在数据结构 `impl` 中添加数据为止。请编写这个改进的数独求解程序。

在这个改进的数独谜题求解程序中，针对 `inp2` 将会得到 `backtracks=2`，远低于 `33`。

难题 2 请修改最简单的数独求解程序，用以解决对角型数独谜题。对角型数独增加了一个规则，在两条对角线上必须出现所有 1～9 的数字。

图 14-7 给出的是对角型数独谜题。图 14-8 给出的是解。

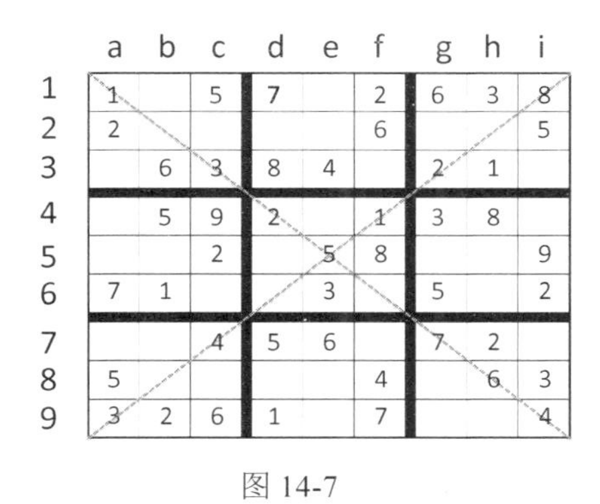

图 14-7

	a	b	c	d	e	f	g	h	i
1	1	4	5	7	9	2	6	3	8
2	2	8	7	3	1	6	4	9	5
3	9	6	3	8	4	5	2	1	7
4	4	5	9	2	7	1	3	8	6
5	6	3	2	4	5	8	1	7	9
6	7	1	8	6	3	9	5	4	2
7	8	9	4	5	6	3	7	2	1
8	5	7	1	9	2	4	8	6	3
9	3	2	6	1	8	7	9	5	4

图 14-8

难题 3 请修改最简单的数独求解程序，用于解决偶数数独谜题。除指定格子必须包含偶数之外，它类似于经典的数独谜题。图 14-9 给出的就是一个例子。

	a	b	c	d	e	f	g	h	i
1	8	4			5				
2	3			6		8		4	
3				4		9			
4		2	3				9	8	
5	1								4
6		9	8				1	6	
7				5		3			
8		3		1		6			7
9					2			1	3

图 14-9

灰色的空白格子必须包含偶数，其他格子则可以包含奇数或偶数。为了用二维列表表示谜题，将如前所述用 0 表示没有附加规则的空格子，并用-2 表示格子是空的且必须放入偶数。以上谜题的输入列表将如下所示：

```
even = [[8, 4, 0, 0, 5, 0,-2, 0, 0],
        [3, 0, 0, 6, 0, 8, 0, 4, 0],
        [0, 0,-2, 4, 0, 9, 0, 0,-2],
        [0, 2, 3, 0,-2, 0, 9, 8, 0],
        [1, 0, 0,-2, 0,-2, 0, 0, 4],
        [0, 9, 8, 0,-2, 0, 1, 6, 0],
        [-2,0, 0, 5, 0, 3,-2, 0, 0],
        [0, 3, 0, 1, 0, 6, 0, 0, 7],
        [0, 0,-2, 0, 2, 0, 0, 1, 3]]
```

上述谜题的解如图 14-10 所示。

	a	b	c	d	e	f	g	h	i
1	8	4	9	2	5	7	**6**	3	1
2	3	5	7	6	1	8	2	4	9
3	6	1	**2**	4	3	9	7	5	**8**
4	4	2	3	7	**6**	1	9	8	5
5	1	6	5	**8**	9	**2**	3	7	4
6	7	9	8	3	**4**	5	1	6	2
7	**2**	8	1	5	7	3	**4**	9	6
8	9	3	4	1	8	6	5	2	7
9	5	7	**6**	9	2	4	8	1	3

图 14-10

谜题15

统计零钱的组合方式

本谜题涵盖的编程结构和算法范型：分组的递归生成。

假设有成堆的钱。其实是成堆的纸钞，几乎包含了曾经印制过的所有品种，包括1美元、2美元、5美元、10美元、20美元、50美元和100美元的钞票[1]。

假定你欠朋友6美元。朋友知道你有大量的现金，并问你知不知道有多少种不同方案来用不同面额的钞票支付。你想了一会儿，拿出不同的钞票，算算汇总的金额，然后发现只有以下5种不同的方案：

```
1 美元， 1 美元， 1 美元， 1 美元， 1 美元， 1 美元
1 美元， 1 美元， 1 美元， 1 美元， 2 美元
1 美元， 1 美元， 2 美元， 2 美元
1 美元， 5 美元
2 美元， 2 美元， 2 美元
```

虽然每张钞票都带有不同的序列号，但面额相同的两张钞票会被视为是同一品种。

忽然你意识到实际欠朋友的是16美元，记起来最近一起吃了20美元的晚餐，之后你因为忘带钱包而没法支付你的那份。

总共可有哪些方案向你朋友支付16美元？有几种方案？

15.1 钞票的递归选取

下面将探索各种不同的钞票选取方案，记录选中钞票的总金额。只要总金额小于

① 可惜没有3美元的钞票，这种钞票大约自1800年之后就没有印刷过，不过其余藏品也足以让人兴奋不已了。

目标值，就会加入更多的钞票。如果超过了目标值，只要放弃该方案即可。如果得到的总金额正好是目标值，就打印（或保存）该方案并继续尝试下去。请记住，正好是目标值的所有可能方案全都要拿到。

实现这种探索的最简单方法是使用递归，到现在大概不会令人惊讶了吧。以下是对可能的方案进行递归枚举的代码。

```
1.    def makeChange(bills, target, sol = []):
2.        if sum(sol) == target:
3.            print(sol)
4.            return
5.        if sum(sol) > target:
6.              return
7.        for bill in bills:
8.            newSol = sol[:]
9.            newSol.append(bill)
10.           makeChange(bills, target, newSol)
11.       return
```

上述函数的第一个参数 bills 是钞票面额的列表，如[1, 2, 5]。第二个参数是目标值，第三个参数是方案 sol，也就是选中钞票面额的列表。第 2～4 行对应基线条件，这时发现了方案并将其打印出来。在以上实现中，没有对可能的方案进行保存或计数，只是在找到后将它们打印出来。

第 5～6 行是另一种基线条件，此时总金额已大于目标值。这里只是放弃这种不合理的方案。没理由要向朋友多付钱。

第 7～10 行执行解空间（solution space）的探索。对 bills 中列出的每种面额，将当前方案复制到列表 newSol，并向其加入该面额的一张钞票。然后用这个加入元素后的新列表 newSol 递归调用 makeChange。

由于正在迭代不同的钞票面额，因此需要在 newSol 中复制一份 sol（第 8 行）。为什么呢？假设没有在 newSol 中复制一份 sol，而只是在代码中直接使用 sol。假定 bill = [1, 2, 5]，正在求解的是 sol = [1]。在 sol 中加入 1 后得到 sol = [1, 1]。继续用此 sol 进行递归调用，每次调用都会加入列表 sol 中。一旦这些调用返回，就将进入循环的下一次迭代，这时可能是已找到一些方案并丢弃了不合理方案。原以为 sol 为[1]，于是可以加入 2 并用 sol = [1, 2]来继续求解。可惜的是，因为没有从 sol 中删除过元素，所以 sol 可能已经变成一个很长的列表（这取决于目标值）。在该列表中再添加一张钞票，就可能意味着超出目标值。将 sol 复制到 newSol 可保证正确地将整个解空间都探索完成。

假定运行

```
bills = [1, 2, 5]
makeChange(bills, 6)
```

将会产生如下输出：

```
[1, 1, 1, 1, 1, 1]
[1, 1, 1, 1, 2]
[1, 1, 1, 2, 1]
[1, 1, 2, 1, 1]
[1, 1, 2, 2]
[1, 2, 1, 1, 1]
[1, 2, 1, 2]
[1, 2, 2, 1]
[1, 5]
[2, 1, 1, 1, 1]
[2, 1, 1, 2]
[2, 1, 2, 1]
[2, 2, 1, 1]
[2, 2, 2]
[5, 1]
```

这里有一个问题。以上程序会重复生成方案，产生了 15 行输出。似乎是票据的顺序问题，4 张 1 美元钞票加上 1 张 2 美元钞票，与 3 张 1 美元钞票加上 1 张 2 美元钞票再加 1 张 1 美元钞票，成了不同的方案。它确实意识到面额相同的钞票是一样的，不会产生 6！= 720 个不同的`[1, 1, 1, 1, 1, 1]`方案，谢天谢地！

15.2 消除重复

该如何消除重复方案呢？可以用钞票面额的自然大小顺序生成某种形式的方案。如果 $b < a$ 或 $c < b$ 或 $c < a$，就不会生成任何$[a, b]$或$[a, b, c]$形式的方案。每个方案的面额顺序可能各不相同，但一定符合非递减的顺序。当然 $b \geqslant a$、$c \geqslant b$ 或 $c \geqslant b \geqslant a$ 时，需要允许$[a, b, c]$的方案存在。但会排除`[1, 1, 1, 2, 1]`这种方案，因为它不是非递减序列，类似地，`[5, 1]`也不行。这两种情况下，可接受的方案将是`[1, 1, 1, 1, 2]`和`[1, 5]`。

因此，下面对 `makeChange` 做出一处不易察觉的修改。这里将添加一个参数，对应目前已生成的最高面额。在递归探索中，只会加入大于等于目前已加入的最高面额的面额，而不会加入较低的面额。在初次调用修改过的过程时，该新参数将设为最低面额的钞票，本例中是 1 美元。这意味着可以持续加入 1 美元的钞票，但只要加入过 2 美元的钞票，就不能再加入 1 美元的钞票了。

这种算法改动体现在以下函数 makeSmartChange 中。

```
1.    def makeSmartChange(bills, target, highest, sol = []):
2.        if sum(sol) == target:
3.            print(sol)
4.            return
5.        if sum(sol) > target:
6.            return
7.        for bill in bills:
8.            if bill >= highest:
9.                newSol = sol[:]
10.               newSol.append(bill)
11.               makeSmartChange(bills, target, bill, newSol)
12.       return
```

注意已讨论过的新参数 highest（第 1 行）。makeChange 中其实只加了一行代码，也就是第 8 行。当生成新的方案时，将保证加入的钞票面值大于或等于 highest。因为函数增加了一个参数，所以第 11 行的递归调用也必须做出修改。这里的参数只能是 bill，不能仍旧是 highest 了，因为经过 **for** 循环之后，bill 可能已经大于 highest 了（第 7～11 行）。但是一旦加入了 bill >= highest 并发起递归调用，递归调用内部的 highest 将等于 bill。

以上改动修正了 makeChange 存在的问题。如果运行

```
bills = [1, 2, 5]
makeSmartChange(bills, 6, 1)
```

程序将会产生如下结果：

```
[1, 1, 1, 1, 1, 1]
[1, 1, 1, 1, 2]
[1, 1, 2, 2]
[1, 5]
[2, 2, 2]
```

上述结果都是已知的了。但如果运行

```
bills2 = [1, 2, 5, 10]
makeSmartChange(bills2, 16, 1)
```

就会得到以下 25 种不同的 16 美元组合：

```
[1, 1, 1, 1, 1, 1, 1, 1, 1, 1, 1, 1, 1, 1, 1, 1]
[1, 1, 1, 1, 1, 1, 1, 1, 1, 1, 1, 1, 1, 1, 2]
[1, 1, 1, 1, 1, 1, 1, 1, 1, 1, 1, 1, 2, 2]
[1, 1, 1, 1, 1, 1, 1, 1, 1, 1, 1, 5]
[1, 1, 1, 1, 1, 1, 1, 1, 1, 1, 2, 2, 2]
[1, 1, 1, 1, 1, 1, 1, 1, 1, 2, 5]
[1, 1, 1, 1, 1, 1, 1, 1, 2, 2, 2, 2]
[1, 1, 1, 1, 1, 1, 1, 2, 2, 5]
[1, 1, 1, 1, 1, 1, 2, 2, 2, 2, 2]
[1, 1, 1, 1, 1, 1, 5, 5]
[1, 1, 1, 1, 1, 1, 10]
[1, 1, 1, 1, 1, 2, 2, 2, 5]
[1, 1, 1, 1, 2, 2, 2, 2, 2, 2]
[1, 1, 1, 1, 2, 5, 5]
[1, 1, 1, 1, 2, 10]
[1, 1, 1, 2, 2, 2, 2, 5]
[1, 1, 2, 2, 2, 2, 2, 2, 2]
[1, 1, 2, 2, 5, 5]
[1, 1, 2, 2, 10]
[1, 2, 2, 2, 2, 2, 5]
[1, 5, 5, 5]
[1, 5, 10]
[2, 2, 2, 2, 2, 2, 2, 2]
[2, 2, 2, 5, 5]
[2, 2, 2, 10]
```

太棒了！运行上述代码请务必小心，随着目标值的增大，方案的数量会呈爆炸式增长，特别是包含低面额钞票的时候。

15.3 用最少的钞票支付

假设你有兴趣用最少的钞票数量支付给朋友。上述代码生成的输出中，显然包含了这一信息。例如，在 16 美元的例子中，可用 3 张钞票向朋友付款：1 美元、5 美元和 10 美元。

第一种冲动的想法可能是尝试一种贪心算法，这很自然。贪心算法会选择小于欠款的最高面额钞票，再适当减小目标值，并重复这一过程。这肯定适用于 16 美元的情况：首先选择 10 美元，然后是 5 美元，然后是 1 美元。如果是在廷巴克图，那里会有 8 美元的钞票，则会发生什么呢？最佳方案是两张 8 美元的钞票，贪心算法会错过这一方案。当然，makeSmartChange 将生成两张 8 美元钞票的方案，作为可选的方案之一。

运行 makeSmartChange 并在枚举过程中选择基数最小的方案，这是保证找到最少钞票方案的一种方式。下面的习题 3 就要求如此。

15.4　习题

习题 1　修改 makeSmartChange，使其不打印出每个解决方案，而只是对不同方案进行计数并将其返回。可以用全局变量 count 来穿越递归调用对方案进行计数。还有更高效的方法可简单地对可能的方案进行计数[①]，本题的任务是修改已有的代码。

难题 2　假定你没有这么富裕，不同面额的钞票数量都有限。例如，你的储备可表示为：

```
yourMoney = [(1, 11), (2, 7), (5, 9), (10, 10), (20, 4)]
```

该列表中每个元组的第一项是钞票面额，第二项是该面额钞票的拥有数量。在上述例子中，有 11 张 1 美元的钞票和 4 张 20 美元的钞票。修改程序，使其只输出能用有限数量钞票构成的方案。

有一种简单的方法是像以前一样生成所有解决方案，并舍弃（不打印）违反数量约束的方案。鼓励读者在递归搜索中采取更加优雅和有效的方法丢弃非法的部分方案。非法的部分方案虽然小于目标值，但违反了一条或多条数量上的约束规则。

如果运行

```
money = [(1, 3), (2, 3), (5, 1)]
makeSmartChange(money, 6, 1)
```

应该生成以下 3 种解决方案：

---

① 谜题 15 的标题无疑应该是“列举零钱的计算方式”。真正的计数谜题请参阅谜题 18 的难题 5。

```
[1, 1, 2, 2]
[1, 5]
[2, 2, 2]
```

虽然 1 美元的钞票有 3 张，但这 3 张钞票全都用上就无法生成 6 美元的目标，因此方案只用了两张或一张 1 美元的钞票。

习题 3 由于贪心算法不能生成数量最少的满足目标值的钞票，所以请修改难题 2 中的代码，只返回一个钞票数量最少、面额任意的方案。同样，不用把所有可能的方案保存或打印出来。而只需保存目前找到的最佳方案，就是钞票数最少的方案，并在递归执行期间适时更新。请注意，只有先找到符合目标值的第一个方案，才谈得上获得一个有效的最佳方案。

在谜题 18 的习题 4 中，将探究一种能让上述策略显著提升效率的方法。

谜题 16

贪心是好事

本谜题涵盖的编程结构和算法范型：用函数做参数、贪心算法。

贪心算法遵循启发式解决问题的思路，在每一步做出局部最优选择，以期找到全局最优解。

如你所知，对于晚餐邀请谜题（谜题 8）、达人秀谜题（谜题 9），以及用最少钞票找零问题（谜题 15 的习题 3），贪心算法无法得出最优解。但由于贪心对大多数人来说是与生俱来的，这里将继续探讨贪心算法，看它如何成功运用于本谜题。

本谜题是要最大限度地增加学生在给定学期能够学习的课程数量。因为想用最少的学期就能毕业，所以学生希望能学习尽可能多的课程。[①]因为必须强制出勤，学生需要选择日程安排不会冲突的课程。

学生拿到的是全部课程的安排，形式是时间区间构成的列表。每段区间的形式为$[a, b)$，其中 a 和 b 是一天的钟点数，且 $a < b$。方括号表示在开始时是闭区间，而小括号则表示在结束时是开区间。这意味着学生可以参加符合$[a, b)$和$[b, c)$的两门课程。例如，麻省理工学院的教授应该在整点前 5 分钟上完课，这样学生就有足够的时间赶去参加下一堂课，下一堂课应该在整点过 5 分钟开始。之前在名人派对谜题（谜题 2）中已介绍过这种区间表示法。

在给定区间列表的情况下，问题就成了如何选取不重叠区间的最大子集。区间本身很适合用图形来表示，所以不妨看看图 16-1 中的几个例子。

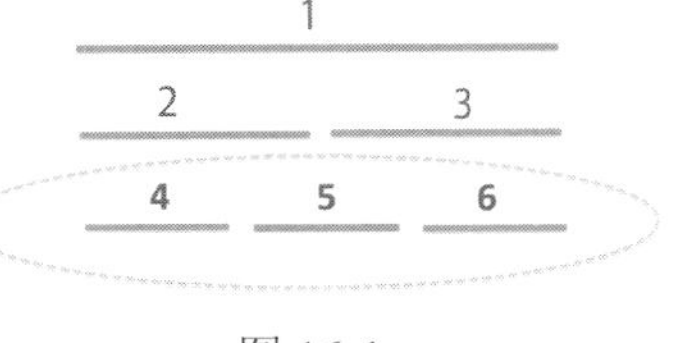

图 16-1

① 这里绝不是要推荐这种做法。本谜题纯属虚构！

图 16-1 中的例子中，如果选择课程 1，那它就是唯一能选的课程了。或者可以选择课程 2 和课程 3。最多可选没有日程冲突的课程是 3 个，即课程 4、5 和 6。

16.1 贪心算法

这里将采用以下结构的贪心算法。

（1）采用某些规则选择课程 c。

（2）拒绝时间与 c 冲突的所有课程。

（3）如果课程集合不为空，则跳转至步骤 1。

如果决定选取编号最小的课程（课程 1），那么此例显然不适用。

16.2 最短历时规则

在以上例子中，如果选了最短的课程，如课程 4，那么就不能选修课程 1 和 2 了。如果从剩下的课程中选择最短的课程 5，那就会排除课程 3。剩下的就是课程 6 了，这样就得到了最多的课程数。

是否在所有情况下重复选择最短课程都会有效？如果不是，该采用什么规则来确保无论课程安排如何都能选出数量最多的课程呢？

如果读者确信最短历时规则适用于所有情况，那就太令人惊讶了！图 16-2 给出的是一个简单的例子，在第 1 步中选择最短课程是无效的。

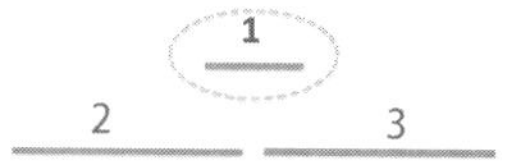

图 16-2

课程 1 历时最短，但如果学生选了它，就选不了其他两门课程（课程 2 和课程 3）。而那两门课程相互没有冲突，可以同时选择。

16.3 最早开始时间规则

那么选择开始时间最早的课程，这种规则怎么样呢？这样学生就可以一大清早起床，整整一天都有紧凑的课程安排。最早开始时间规则适用于目前已有的两个例子。在第一个例子中，课程 4 最早开始（与其他课程同时），选了它就会排除课程 1 和课程 2，剩下符合最早开始时间规则的课程 5。这将得到最优解。在第二个例子中，课程 2 最早开始，选择它之后是课程 3，最优解产生。

遗憾的是，最早开始时间规则还是不够完美。图 16-3 给出的示例表明它并不总是有效的。

最早开始时间规则选择了课程 1，算法以选取了 1 门课程而告终，而做出 2 门课程的选择是可能实现的。

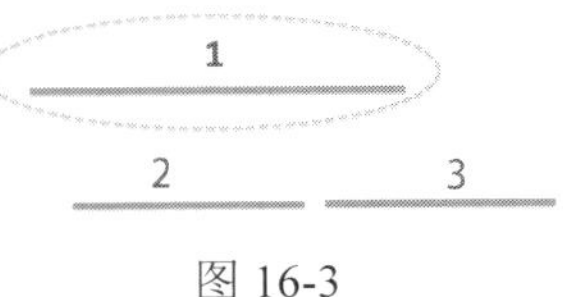

图 16-3

16.4　最少冲突规则

或许大家会问：“为什么要考虑开始时间和持续时间呢？”两门课程是否冲突是可以确定的。不妨先确定每门课程与多少门课程存在冲突，再选择冲突最少的课程。这个规则将反复应用。在第一个例子中，课程 4 与其他课程冲突最少（两门），于是将从它开始，得到 3 门课程的选择。在第二个例子中，课程 2 和课程 3 与其他课程冲突最少（各一门），选择其中一门，算法第 2 步将排除课程 1，并得出最优的两门课程的选择。第三个例子也同样处理。似乎很不错啊！

但是，图 16-4 给出的例子就会让希望破灭。这个例子涉及更多的课程，诚然是有些有意为之，这表明在大多数情况下，最少冲突规则是有效的。

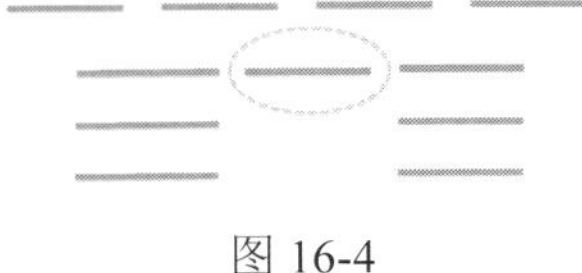
图 16-4

在以上例子中，带圆圈的课程（数字已略去）与上面的两门课程有冲突。其他所有课程至少都有 3 个冲突。这意味着应选择带圆圈的课程。算法的第 2 步会排除带圆圈课程上面的两门课程。这意味着顶部一排的 4 门课程都失去了，而那正是最优选择。

到目前为止，大家或许会觉得贪心算法对本谜题的问题一定是不起作用了，而是需要某种穷举搜索才行，就像对晚餐邀请谜题（谜题 8）或达人秀谜题（谜题 9）一样。但令人惊讶的是，有一个简单的规则可适用于所有情况。

16.5　最早结束时间规则

下面将选择结束时间最早的课程。此规则适用于所有的例子，请测试一下。在最后一个“破坏”了最少冲突规则的例子中，选择顶部一行最左边的课程，然后是同一行的下一门课程，依此类推，就将得到 4 门课程的最优选择。当然，这不能证明本规则一定能找到最优解。通过例子来证明可不算什么有效方法！

此时有几个选择：（1）努力想出一个打破最早结束时间规则的例子，如果想不出就确信本规则有效；（2）阅读以下证明过程，这需要对证明方法比较熟悉，包括用归纳法证明；（3）或者直接相信本书即可。

记号：$s(i)$为开始时间，$f(i)$为结束时间，$s(i) < f(i)$（课程的开始时间必须小于结束时间）。如果两门课程 i 和 j 时间没有重叠，也就是$f(i) \leqslant s(j)$或$f(j) \leqslant s(i)$，则称它们是兼容的。

断言 1：贪心算法输出结果为时间区间的列表$[s(i_1), f(i_1)]$, $[s(i_2), f(i_2)]$, …, $[s(i_k), f(i_k)]$，这里 $s(i_1) < f(i_1) \leqslant s(i_2) < f(i_2) \leqslant \cdots \leqslant s(i_k) < f(i_k)$。

证明：反证法。如果$f(i_j) > s(i_{j+1})$，则区间 j 和 $j+1$ 相交，这与算法第 2 步矛盾。

断言 2：给定区间列表 L，应用最早结束时间的贪心算法将生成 k^*个区间，k^*是最优解。

证明：归纳推理 k^*。

基线条件：$k^* = 1$。最优区间数量为 1，这表示所有区间之间都存在冲突。于是选择任一区间均可。

归纳步骤：假定断言 2 适用于 k^*，而给定区间列表的最优日程有 $k^* + 1$ 个区间，即：

$$S^*[1, 2, \cdots, k^* + 1] = [s(j_1), f(j_1)], \cdots, [s(j_{k^*+1}), f(j_{k^*+1})]$$

一般地，对于 n，贪心算法会得出区间列表：

$$S[1, 2, \cdots, n] = [s(i_1), f(i_1)], \cdots, [s(i_n), f(i_n)]$$

根据推断，因为贪心算法选取的是最早结束时间，所以$f(i_1) \leqslant f(j_1)$已知。因为区间$[s(i_1), f(i_1)]$不会与$[s(j_2), f(j_2)]$及后续其他区间重叠，此时可生成以下日程：

$$S^{**} = [s(i_1), f(i_1)], [s(j_2), f(j_2)], \cdots, [s(j_{k^*+1}), f(j_{k^*+1})]$$

注意，因为 S^{**}的长度为 $k^* + 1$，所以上述日程也是最优解。

现在将 $s(i) \geqslant f(i_1)$的区间集合定义为 L'。因为 S^{**}是 L 的最优解，所以 $S^{**}[2, 3, \cdots, k^* + 1]$是 L'的最优解，S^{**}表示大小为 k^*的 L'的最优日程。

由最初的归纳假设可知，在 L'上运行贪心算法应该会生成大小为 k^*的日程。因此根据推断，在 L'上运行贪心算法应该能得出 $S[2, \cdots, n]$。

这就意味着 $n - 1 = k^*$，即 $n = k^* + 1$，这就表示 $S[1, \cdots, n]$确实是最优解，证明完毕。

有了最早结束时间规则，就准备好编写贪心算法的代码了。因为这是一本讲述编程的书，所以下面不仅要编写最早结束时间规则，另外两个规则同样也要编写代码。在此过程中将介绍一种新的编程技巧。

代码将遵循本谜题一开始提供的算法结构，不同的规则都有各自的函数：排除冲突课程也有函数，还有重复调用前两个函数最终得出课程选择结果的主函数。先从主函数开始，如下所示：

```
1.    def executeSchedule(courses, selectionRule):
2.        selectedCourses = []
3.        while len(courses) > 0:
4.            selCourse = selectionRule(courses)
5.            selectedCourses.append(selCourse)
6.            courses = removeConflictingCourses(selCourse, courses)
7.        return selectedCourses
```

首先将已选课程的列表初始化为空（第 2 行）。**while** 循环将执行贪心算法。第 4 行给出了从未出现过的编程结构，函数 executeSchedule 的参数 selectionRule 本身就是一个函数。这真的很酷，因为根本无须改动函数 executeSchedule 即可运行已发现的不同规则！对于在函数中的每种规则，确实必须用不同的名称进行编码，稍后将会介绍。

一旦根据 selectionRule（第 4 行）选中了某个课程，就将其加入已选课程列表中（第 5 行），然后排除与其冲突的所有课程，并从列表 courses 中删除该课程。当列表 courses 为空时，**while** 循环将会终止。

下面看看如何检测冲突并在函数 removeConflictingCourses 中排除课程：

```
1.    def removeConflictingCourses(selCourse, courses):
2.        nonConflictingCourses = []
3.        for s in courses:
4.            if s[1] <= selCourse[0] or s[0] >= selCourse[1]:
5.                nonConflictingCourses.append(s)
6.        return nonConflictingCourses
```

上述函数将返回与参数 selCourse 没有冲突的课程列表 nonConflicting-Courses。调用此函数时，selCourse 仍位于列表 courses 中，但由于 selCourse 与自身冲突，因此它不会出现在 nonConflictingCourses 中。

第 4 行最为重要，这里判断出课程 s 是否与 selCourse 冲突。如前所述，每门课程都表示为区间[*a*, *b*)。课程 s 表示为[s[0], s[1]]。如果 s 的结束时间小于或等于 selCourse 的开始时间，或者 s 的开始时间大于或等于 selCourse 的结束时间，则两门课程没有冲突，s 就可以加入 nonConflictingCourses 中（第 5 行）。否则，它们就存在冲突，不执行添加操作。

下面看一下各种规则的实现：

```
1.    def shortDuration(courses):
2.        shortDuration = courses[0]
3.        for s in courses:
4.            if s[1] - s[0] < shortDuration[1] - shortDuration[0]:
5.                shortDuration = s
6.        return shortDuration
```

函数 shortDuration 假定参数 courses 不为空。这由 executeSchedule 中的 **while** 循环来保证（位于函数的第 3 行）。如果传入一个空列表，函数将在第 2 行崩溃[①]。然后遍历列表 courses，以找到历时最短的课程。

下面看一下最少冲突规则的实现。下面的代码内容有点儿多：

```
1.    def leastConflicts(courses):
2.        conflictTotal = []
3.        for i in courses:
4.            conflictList = []
5.            for j in courses:
6.                if i == j or i[1] <= j[0] or i[0] <= j[1]:
7.                    continue
8.                conflictList.append(courses.index(j))
9.            conflictTotal.append(conflictSet)
10.       leastConflict = min(conflictTotal, key=len)
11.       leastConflictCourse = \
11a.          courses[conflictTotal.index(leastConflict)]
12.       return leastConflictCourse
```

上述函数创建了一个列表 conflictTotal，其 conflictTotal[i]对应与课程 i 冲突的课程列表。每项 conflictTotal[i]都采用列表 conflictList 的结构。这里用到了双层嵌套 **for** 循环结构（第 3～9 行）。冲突检测操作位于第 6 行，检测方法类似于 RemoveConflictingCourses 第 4 行中的检测。在课程 i 的冲突列表中不包括

① 确切地说，由于列表元素不存在，函数将抛出异常“list index out of range”。谜题 18 中将会介绍异常。

课程 i。因为 **for** 循环会遍历列表 courses 中的课程 i 和 j，所以在第 8 行将会找到与 i 冲突的课程 j 的索引，并将其加入 conflictList。在内层 **for** 循环的每次迭代完成后，再将当前 conflictList 加入 conflictTotal（第 9 行）。

第 10 行用内置函数 **min** 找到 conflictTotal 中长度最短的元素 leastConflict，这意味着它是包含课程索引数最少的冲突列表。对 conflictTotal.Index(leastConflict)的调用将产生 leastConflict 的索引，用于在列表 courses 中定位并找到所需课程。

最后，以下代码就是要实际应用的规则。不妨仍然假定，尽量安排最多的课程是学生面临的一个实际问题！

```
1.    def earliestFinishTime(courses):
2.        earliestFinishTime = courses[0]
3.        for i in courses:
4.            if i[1] < earliestFinishTime[1]:
5.                earliestFinishTime = i
6.        return earliestFinishTime
```

上述代码类似于最短历时规则的代码，同样也假定参数列表不为空。在第 4 行和第 5 行，用课程区间的终点（即结束时间）来找到结束时间最早的课程。

为了采用适当的规则运行算法，显然需要有个课程列表，然后只需用合适的参数调用 executeSchedule 即可，如下所示。

如果运行

```
mycourses = [[8,9], [8,10], [12,13], [16,17], [18,19],
             [19,20], [18,20], [17,19], [13,20],
             [9,11], [11,12], [15,17]]
print ('Shortest duration:', executeSchedule(mycourses,
shortDuration))
print ('Earliest finish time:', executeSchedule(mycourses,
earliestFinishTime))
```

将会得到如下结果：

```
Shortest duration: [[8, 9], [12, 13], [16, 17], [18, 19],
[19, 20], [11, 12], [9, 11]]
Earliest finish time: [[8, 9], [9, 11], [11, 12], [12, 13],
[16, 17], [18, 19], [19, 20]]
```

在以上例子中，尽管选出的结果顺序不一样，但按两种规则生成了同样的课程组合。

16.6 贪心算法何时有效

假定由一组区间构造一张图。每门课程对应一个顶点，两个区间有交集的顶点/课程之间有一条边相连。图 16-5 是一张课程表和对应的图。

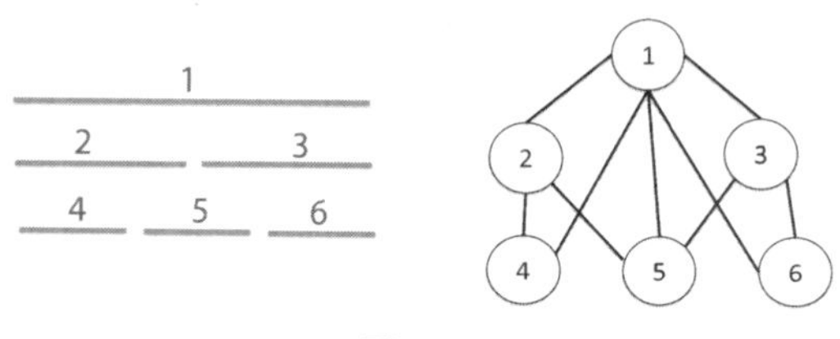

图 16-5

本谜题的目标是尽可能多地选取没有边相连的顶点，即对应的课程没有时间冲突。这就像晚餐邀请谜题（谜题 8）和最大独立集问题。并且贪心算法在所有情况下都能生成最优结果，即选取的课程最多，这一点已经得以证明。是否可以宣布千禧年大奖问题已解决了呢？

不。这两个问题并不完全等同。由课程区间生成的图是一种特殊的图，名为区间图（interval graph）。区间图的最大独立集问题可以存在有效解。但并非所有图都是区间图。例如，谜题 8 中给出的图 16-6 就不是区间图。换句话说，它无法由任何区间列表生成。

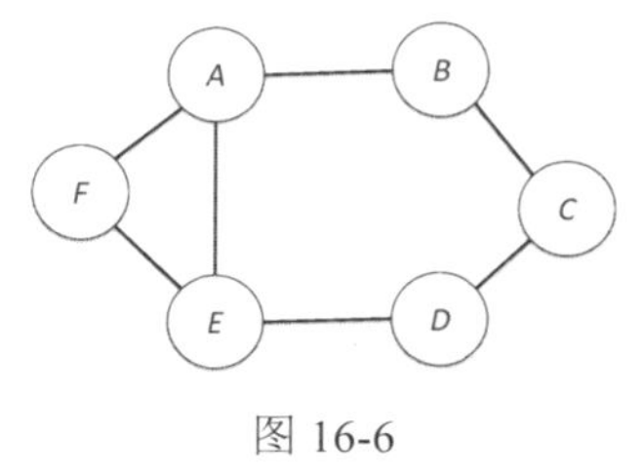

图 16-6

图 16-6 显然可以对应不喜欢关系，这类关系适用于人类的思想。之所以它不是区间图，是因为它具有长度大于等于 4 的环路（cycle），而没有“捷径”可言，即 *A-B-C-D-E-A*。环路就是图中边的路径，它以同一个顶点开始和结束。在本例中，这个顶点就是 *A*。回想一下，选取连接边最少的顶点的贪心算法，对该例而言是失败的。并且尚未有人找到使用任何选取规则的贪心算法，使得该规则能为任何图生成最优解。所以晚餐邀请谜题中的穷举方案仍然有意义。

对于谜题 9 的问题和最少钞票找零问题（谜题 15 中的习题 3），已知贪心算法是失败了。贪心算法为所有问题实例生成最优解，最著名的就是图的最短路径问题，其中边的权重为非负整数。由于发明者为 Edsger Dijkstra，贪心算法也叫 Dijkstra 算法。最短路径问题与谜题 20“六度分隔”有关。

16.7　习题

习题 1　有个可怜的学生正为最多课程的选择而苦恼，但这个学生希望上课的课时最少，这样可能还有时间进行社交活动。修改最早结束时间选取函数，以便在同等情况下选取持续时间最短的课程。假定给出以下课程：

```
scourses = [[8, 10], [9, 10], [10, 12], [11, 12],
            [12, 14], [13, 14]]
```

在 `executeSchedule(scourses, NewRule)` 中应用新的规则，将会返回：

```
[[9, 10], [11, 12], [13, 14]]
```

对应的 `executeSchedule(scourses, EarliestFinishTime)` 输出将会是：

```
[[8, 10], [10, 12], [12, 14]]
```

这个虚构出来的学生将会心怀感激的。

难题 2　假设课程带有权重。学生的目标不是选取数量最多的不冲突课程，而是选取权重最大的不冲突课程。最早结束时间规则是否能在所有情况下生成权重最大的选择呢？遗憾的是，它做不到，请看图 16-7 所示的简单例子。

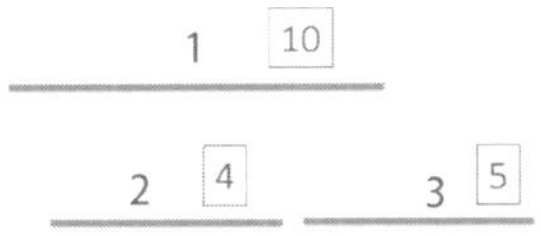

1 [10]

2 [4]　　3 [5]

图 16-7

在这个示例中，最早结束时间规则将会选取课程 2 和课程 3，权重为 9，而权重最大的选择是单门课程 1，权重为 10。

找到不冲突课程的最大权重选择，需要更复杂的算法。一种方法是生成全部课程的所有可能组合（就像在谜题 8 中对客人做的那样），然后排除包含冲突课程的组合，并从剩余的“好”组合中选取权重最大的组合。对于 n 门课程，就意味着要生成 2^n 种组合。以下策略是一种更好的方案，这里以伪代码的形式给出：

recursiveSelect(*courses*)
　　基线条件：如果 *courses* 为空则不做任何操作
　　对于 *courses* 中的课程 *c* 循环：
　　　　后续课程 = 在 *c* 结束时间或之后开始的课程
　　　　选中课程 = *c* + 从后续课程中递归选出的结果
　　　　保留到目前为止权重最大的选取结果
　　返回权重最大的选取结果

请根据上述伪代码编写解决方案。不妨考虑以下例子，这里第 3 个数字是课程的权重：

```
wcourses = [[8,10,1], [9,12,3], [11,12,1],
            [12,13,1], [15,16,1], [16,17,1],
            [18,20,2], [17,19,2], [13,20,7]]
```

得出的选中课程应如下所示：

```
[[9, 12, 3], [12, 13, 1], [13, 20, 7]]
```

权重为 11，这是可能达到的最大值。

或许读者会想知道，为什么只考虑在所选课程结束时间或之后开始的课程，而不去查看与所选课程没有冲突的所有课程呢。这里在 **for** 循环中查找所有可能的“开始”课程。这意味着可以消除重复，只要已为后跟课程 2 的课程 1 生成了解，就不用再为后跟课程 1 的课程 2 生成解了。这使得本算法比考虑所有无冲突课程的算法明显有效。相关的优化在谜题 15 中也曾得以实施，以避免零钱计数时的答案发生重复。

难题 3　有位学生并不追求参加最多的非冲突课程，而是希望他或她上课的时间能最大化。规则是学生只能注册无冲突的课程表，只能参加已注册的课程，并且每门已注册课程都需要全部上完。坐在空荡荡的课堂里可不算数！

请编写代码，针对任何课程表都能以最优方式解决课堂出勤时间最大化问题。

提示：考虑一下每门课程的权重应该能对应什么。

谜题 17

字母也疯狂

本谜题涵盖的编程结构和算法范型：字典基础知识、散列算法。

变位词（anagram）是通过重新排列另一个单词的字母形成的单词、短语或名称，例如 cinema 变形自 iceman。假设现有大量单词，任务是要将所有的变位词归在一起成组。也就是说，需要将语料库分成若干个组，每组包含互为变位词的单词。有一种方案是先对语料库进行排序，这样互为变位词的单词就能彼此相邻。给定以下单词库：

```
ate but eat tub tea
```

就会生成以下结果：

```
ate eat tea but tub
```

或者再有趣一些，假定有以下单词库：

```
abed abet abets abut acme acre acres actors actress airmen alert
alerted ales aligned allergy alter altered amen anew angel angle
antler apt bade baste bead beast beat beats beta betas came care
cares casters castor costar dealing gallery glean largely later
leading learnt leas mace mane marine mean name pat race races
recasts regally related remain rental sale scare seal tabu tap
treadle tuba wane wean
```

又会如何呢？

17.1 每次找到一组变位词

不妨采用如下策略。

对于 *list* 中的每个单词 v：
　　对于 *list* 中的每个单词 $w \neq v$：
　　　　检查 v 和 w 是否互为变位词
　　　　如果是，就把 w 移到 v 后面

上述策略的代码如下所示。它能用，但效率相当低下，因为有双层嵌套的循环用于检查判断，并且检查时还调用了排序过程。

```
1.   def anagramGrouping(input):
2.       output = []
3.       seen = [False] * len(input)
4.       for i in range(len(input)):
5.           if seen[i]:
6.               continue
7.           output.append(input[i])
8.           seen[i] = True
9.           for j in range(i + 1, len(input)):
10.              if not seen[j] and anagram(input[i], input[j]):
11.                  output.append(input[j])
12.                  seen[j] = True
13.      return output
```

以上代码与伪代码很相像。它取一个字符串列表（如`['ate', 'but', 'eat', 'tub', 'tea']`)作为输入，并生成另一个列表`['ate', 'eat', 'tea', 'but', 'tub']`作为输出。第 3 行声明了一个列表变量 `seen`，长度为输入语料库的长度，并将其所有数据项都初始化为 **`False`**。变量 `seen` 会记录已放入输出列表 `output` 的单词。在外层 **`for`** 循环中，取一个尚未放入 `output` 的单词，将其放入 `output` 中，并查找所选单词的所有变位词。所选单词将位于其变位词小组的首部。变位词小组的填入需要用到第 9 行开始的内层 **`for`** 循环。第 10 行检查该单词是否已位于 `output` 中（`seen[j]`应为 **`False`**），以及是否为所选单词的变位词。如果是，则将其追加到所选单词的变位词小组的输出列表中。每个内层 **`for`** 循环都会生成一个变位词小组。

第 10 行对 **`not`** `seen[j]`的检测并不是必需的。假设 `v` 刚被放入输出列表中，并要找到 `v` 的变位词。在输入列表中出现在 `v` 之后且已放入输出列表中的任何单词 `w`，都是在 `v` 之前处理过的其他单词的变位词。这意味着 `w` 不可能是 `v` 的变位词，并且调用函数 `anagram(v, w)`将返回 **`False`**。

那么为什么还要对 **`not`** `seen[j]`进行检测呢？因为会稍稍提升一点性能，如果

seen[j]为 **True**，则 **if** 语句将立即返回 **False** 且不会调用 anagram。anagram 调用的开销比只检查变量是否为 **True** 要大一些，下面会演示得更清楚一些。

以下代码检查两个单词（字符串）是否互为变位词：

```
1.    def anagram(str1, str2):
2.        return sorted(str1) == sorted(str2)
```

第 2 行代码只是调用了 Python 的内置排序函数，该函数将按字典顺序对字符串中的字母进行排序并返回字符列表。因为'actress'和'casters'互为变位词，所以 sorted('actress')将生成['a', 'c', 'e', 'r', 's', 's', 't']，且 sorted('casters')也会生成['a', 'c', 'e', 'r', 's', 's', 't']。由于不互为变位词的单词生成的排序后的字符列表会不一样，因此将无法通过此句测试。

只要所有的变位词小组都是完整的，变位词小组的打印顺序并不重要。而且每个小组内的顺序可以是任意的。以下的输出都是有效的：

```
ate    eat    tea    but    tub
ate    tea    eat    but    tub
but    tub    ate    eat    tea
tub    but    eat    ate    tea
```

假如单词列表的长度为 n，并且平均每个单词都有 m 个字母，那么大约会经历 $n^2/2$ 次变位词的检查。因为要比较的是两两成对的单词，所以这里存在一个 1/2 因子，如果已将 w 与 v 比较过了，就不会再将 v 与 w 进行比较。既然是对两个单词的 m 个字母进行排序，那么每次变位词检查需要经过约 $2m \log m$ 次字符比较。所以总共将进行 $n^2 m \log m$ 次比较。

如果要以任意单词列表为参数并生成一个新列表，且新列表中所有变位词都分组在一起，读者还能想到更有效的方式吗？

17.2　通过排序对变位词进行分组

通过 sorted(s)可以找到单词 s 的一种标准表现形式，在某种意义上让所有变位词都具有相同的表现形式。不过 anagramGrouping 做了一些效率不高的工作，这里用到了双层嵌套循环将变位词归为一组。假设要将每个单词与标准形式建立对应关系。也就是说，先创建(sorted(s), s)形式的二元组。元组的第一项是字符列表，第二项是字符串。对小型语料库['ate', 'but', 'eat', 'tub', 'tea']而言，将会得到以下 5 个元组：

```
(['a', 'e', 't'], 'ate')
(['b', 't', 'u'], 'but')
(['a', 'e', 't'], 'eat')
(['b', 't', 'u'], 'tub')
(['a', 'e', 't'], 'tea')
```

现在如果按升序对元组进行排序，那会发生什么呢？Python 内置排序的默认比较操作采用字典顺序，并且每个元组中也会按字典顺序从左到右排列。在排序后，结果将如下所示：

```
(['a', 'e', 't'], 'ate')
(['a', 'e', 't'], 'eat')
(['a', 'e', 't'], 'tea')
(['b', 't', 'u'], 'but')
(['b', 't', 'u'], 'tub')
```

首先将对字符列表按照字典顺序进行排序，这意味着所有变位词都被分组在一起，因为它们的字符列表相同。'a'开头的列表排在'b'开头的列表之前。最后，与变位词有关的单词都在对应的变位词小组里按字典顺序进行排序。以下是实现上述算法的代码：

```
1.    def anagramSortChar(input):
2.        canonical = []
3.        for i in range(len(input)):
4.            canonical.append((sorted(input[i]), input[i]))
5.        canonical.sort()
6.        output = []
7.        for t in canonical:
8.            output.append(t[1])
9.        return output
```

第 2～4 行构建了二元组的列表。为了能让本算法正常工作，`sorted(input[i])`必须是每个元组中的第一个数据项。如果读者不清楚原因，请试试看交换顺序后会发生什么。

第 5 行对列表 `canonical` 进行原地排序，也就是说列表会被修改。这里没有必要保留未排序列表的副本。第 6～8 行从 `canonical` 中丢弃元组的第一个数据项，生成新的输出列表，目的是通过排序来生成变位词小组。

不妨再假定有一个长度为 n 的单词列表，每个单词平均包含 m 个字母。目标是要对每个单词中的字符进行排序，总共需要进行 $nm \log m$ 次比较。然后将对 n 个元组进行排序，这需要 $n \log n$ 次元组比较。如果每次元组比较大致需要 m 次字符比较，那么第二步中字符的比较次数就是 $mn \log n$。因此，总的比较次数是 $nm(\log m + \log n)$。这比 anagramGrouping 中的 $n^2m \log m$ 次比较要好很多。不过 anagramSortChar 有一个缺点，就是必须存储一个长度为 n 的二元组的列表，每个二元组的第一个数据项是一个字符列表。而在 anagramGrouping 中则不必存储这些字符列表。

17.3　通过散列操作对变位词进行分组

另外有一种效率更高的策略，不需要在对整个单词列表排序之前对每个单词的字符进行排序，也不需要存储每个单词的有序形式。这种策略用到了散列的概念。顺便提一下，散列操作是 Python 字典数据结构的关键。

通过为每个字符分配一个唯一的数字，并对这些数字执行某些函数计算，就可以算出字符串的散列值。通常这个函数是乘法操作。

```
hash('ate') = h('a') * h('t') * h('e') = 2 * 71 * 11 = 1562
hash('eat') = 1562
hash('tea') = 1562
```

对于上述散列函数，所有的变位词肯定具备相同的散列值。因此，如果根据散列值对语料库中的单词进行排序，则所有变位词在排序后的语料库中应该会分组在一起。不过还有一个问题，两个不是变位词的单词最终可能会得到相同的散列值。例如，假设 h('m')碰巧是 781，那么'am'这个词也会有 1562 的散列值。在排序后的语料库中，'am'这个词就可能会出现在'ate'和'eat'之间。

幸运的是，这个问题很容易解决。对每个字母只采用质数作为散列值（之前已有运用）。鉴于每个数字具有唯一的质因数，所以不会发生上述问题。请注意，这里 h('m')不能为 781，因为 $781 = 11 \times 71$ 不是质数。

下面进行详细说明。请回想一下，唯一质数分解定理说明，每个大于 1 的整数都是质数本身或是质数的乘积，并且在不考虑质因数的顺序时该乘积是唯一的。如果为字母表中的每个字母（小写字母）都分配一个唯一质数（用大写字母来表示质数），则'altered'可以表示为数字 $A{\bullet}L{\bullet}T{\bullet}E^2{\bullet}R{\bullet}D$。'alerted'一词则可表示为

A•L•E^2•R•T•D，显然这是相同的数字。并且由于存在唯一质数分解定理，如果某个单词恰好有一个 a、一个 l、两个 e、一个 r、一个 t 和一个 d，那就只能得到这一个数字，即'altered'和'alerted'的变位词。

总之，解决变位词谜题的有效策略就是计算出每个单词的散列值，这只要为字母表中的每个字母分配唯一的质数，并计算出单词的乘积即可。然后，根据散列值对单词进行排序，从而让所有变位词在排序后的输出结果中分组在一起。下面先谈点别的话题，介绍一下 Python 中的字典，然后再来看看解决以上问题的简洁代码。

17.4 字典

列表必须用非负整数作索引，但 Python 中的字典是可以用字符串、整数、浮点数或元组作索引的通用型列表。在本谜题及后续的几个谜题中，大家都将领会到字典的强大之处。

以下是一个将名称映射到 ID 的简单字典。注意这里的花括号，表示声明的是字典：

```
NameToID = {'Alice': 23, 'Bob': 31, 'Dave': 5, 'John': 7}
```

NameToID['Alice']返回 23，NameToID['Dave']返回 5。而 NameToID['David']则会抛出错误。这种广义列表（generalized list）的索引叫作键（key），以上字典包含 4 个键。字典中的每个键都指向一个值，因此字典是由键值对组成的。

因为 NameToID['David']会抛出错误，所以可检查一下某个键是否存在于字典中，用以下写法即可实现：

```
'David' in NameToID
'David' not in NameToID
```

对于以上字典，上述语句将会分别返回 **False** 和 **True**。不过，假如写成如下格式：

```
NameToID['David'] = 24
print(NameToID)
```

就会得到以下结果：

```
{'John': 7, 'Bob': 31, 'David': 24, 'Alice': 23, 'Dave': 5}
```

现在有了 5 个键值对。如果执行以下语句：

```
'David' in NameToID
```

因为'David'已经加入 NameToID 成为其中的键了，所以以上语句将返回 **True**。

注意，这次打印出来的键的顺序已有所变化。Python 中的字典不保证键值对的特定顺序。这与列表不同，列表的索引是非负数并且天然有序。而在字典中，键可以是整数、字符串或元组，且没有天然的顺序。下面是一个更有意思的字典示例：

```
crazyPairs = {-1: 'Bob', 'Bob': -1, 'Alice': (23, 11), (23, 11): 'Alice'}
```

这里有一组混乱的“对象”，包括数字、元组或人，然后在字典中将它们两两配对。还能再添加其他的映射关系，如 crazyPairs['David'] = 24，或者通过 crazyPairs ['Alice'] = (23, 12)语句修改现有的映射关系。如果执行了这两条语句，再执行 print(crazyPairs)，就会得到以下结果：

```
{(23, 11): 'Alice', 'Bob': -1, 'David': 24,
'Alice': (23, 12), -1: 'Bob'}
```

注意，键值对(23, 11): 'Alice'未受到影响，因为修改的只是与其他键关联的值。

以上示例中，很小心地采用了不可变的元组。列表不允许用作 Python 字典中的键。原因是列表是可变的，如果将列表作为键插入字典，然后修改列表，则会出现各种奇怪的错误。这会让字典变得混乱，而 Python 则通过不允许将列表用作键来避免这种混乱。不过列表可以用作字典中的值，并且可以在插入字典后进行改动。

最后，如果要从字典中删除键，可以用以下语句：

```
if 'Alice' in NameToID:
    del NameToID['Alice']
```

如果'Alice'存在于 NameToID 中，上述语句将从 NameToID 中将其删除。

假定有字典 d，如果要获取字典键、值和键值对元组对应的列表，则可以分别调用 d.keys()、d.values()和 d.items()。

字典及其用法的基础知识已介绍完毕。后续谜题中将会介绍字典的其他操作。在数独谜题（谜题 14）中已介绍过了集合。可以将集合视为没有值的字典。

17.5　用字典对变位词进行分组

用字典对变位词进行分组的代码如下：

```
1.    chToprime = {'a': 2, 'b': 3, 'c': 5, 'd': 7,
                   'e': 11, 'f': 13, 'g': 17, 'h': 19,
                   'i': 23, 'j': 29, 'k': 31, 'l': 37,
                   'm': 41, 'n': 43, 'o': 47, 'p': 53,
                   'q': 59, 'r': 61, 's': 67, 't': 71,
                   'u': 73, 'v': 79, 'w': 83, 'x': 89,
                   'y': 97, 'z': 101 }

2.    def primeHash(str):
3.        if len(str) == 0:
4.            return 1
5.        else:
6.            return chToprime[str[0]] * primeHash(str[1:])

7.    sorted(corpus, key = primeHash)
```

第 1 行只是简单地为每个字母分配一个质数。最小的前 26 个质数被分配给字母表的 26 个字母。数据结构采用的是字典。因此如执行 `chToPrime['a']`，则字典 `chToPrime` 将返回 2。同理 `chToPrime['z']` 返回 101。

在函数 `primeHash` 中，利用递归和列表切片可方便地生成单词/字符串的散列值。递归的基线条件是散列值为 1 的空字符串。第 6 行是真正起作用的语句，当前单词的第一个字母被转换为质数，再乘以去掉第一个字母后的单词计算出来的散列值。

如果运行

```
corpus = ['abed', 'abet', 'abets', 'abut',
'acme', 'acre', 'acres', 'actors',
'actress', 'airmen', 'alert', 'alerted',
'ales', 'aligned', 'allergy', 'alter',
'altered', 'amen', 'anew', 'angel', 'angle',
'antler', 'apt', 'bade', 'baste', 'bead',
'beast', 'beat', 'beats', 'beta', 'betas',
'came', 'care', 'cares', 'casters',
'castor', 'costar', 'dealing', 'gallery',
```

```
'glean', 'largely', '  later', 'leading',
'learnt', 'leas', 'mace', 'mane', 'marine',
'mean', 'name', 'pat', 'race', 'races',
'recasts', 'regally', 'related', 'remain',
'rental', 'sale', 'scare', 'seal', 'tabu',
'tap', 'treadle', 'tuba', 'wane', 'wean']

print (sorted(corpus, key = primeHash))
```

将会生成以下结果：

```
['abed, 'bade', 'bead', 'acme', 'came',
'mace', 'abet', 'beat', 'beta',
'acre', 'care', 'race', 'apt', 'pat', 'tap',
'abut', 'tabu', 'tuba', 'amen', 'mane',
'mean', 'name', 'ales', 'leas', 'sale',
'seal', 'anew', 'wane', 'wean', 'abets',
'baste', 'beast', 'beats', 'betas', 'acres',
'cares', 'races', 'scare', 'angel', ' angle',
'glean', 'alert', 'alter', ' later',
'airmen', 'marine', 'remain', 'aligned',
'dealing', 'leading', 'actors', 'castor',
'costar', 'antler', 'learnt', 'rental',
'alerted', 'altered', 'related', 'treadle',
'actress', 'casters', 'recasts', 'allergy',
'gallery', 'largely', 'regally']
```

所有的变位词都完美地分组在了一起！

如果要用普通的列表，可以通过之前在满铺谜题（谜题 11）中用过的函数 ord 完成此操作。下面是采用 ord 的替代实现：

```
1.    primes = [2, 3, 5, 7, 11, 13, 17, 19, 23,
                29, 31, 37, 41, 43, 47, 53, 59,
                61, 67, 71, 73, 79, 83, 89, 97, 101]

2.    def chToprimef(ch):
3.        return primes[ord(ch) - 97]
```

```
4.    def primeHashf(str):
5.        if len(str) == 0:
6.            return 1
7.        else:
8.            return chToprimef(str[0]) * primeHashf(str[1:])

9.    sorted(corpus, key = primeHashf)
```

第 1 行简单地创建了一个包含最小的 26 个质数的列表。然后新建了 chToprimef 函数，用于对每个字母计算合适的整数索引值。ord('a')的结果是 97，在遇到字母 'a'时访问的是 primes[0]。ord('z')的结果是 122，遇到字母'z'时就会访问 primes[25]。

计算主散列值的唯一一处改动是在第 8 行，这里调用了 chToprimef，而不是在原来的函数 primeHash 的第 6 行访问字典 chToprime。

这段代码的运行速度到底有多快呢？假定列表中有 n 项数据，假设对列表进行排序需要 $n \log n$ 次比较。如果平均每个单词包含 m 个字母，则计算单词的散列值只需要 m 次乘法。假定对要比较的两个单词的散列值进行动态计算，于是高效代码的操作次数将为 $2mn \log n$，而 anagramGrouping 则为 $2n^2 m \log m$。不妨设定 $m = 10$ 且 $n = 10000$。两者的区别非常明显！

与 anagramSortChar 相比，这段代码对性能的提升似乎没有那么显著。但 anagramSortChar 的内存需求远远大于 primeHash。

可以考虑在排序之前找出每个单词的散列值。对 n 个单词计算散列值将需要 nm 次操作，因此总操作次数为 $mn + n \log n$。针对上面的例子，考虑到当今计算机的速度，采用预先计算散列值的策略不会造成明显的差异。

17.6 散列表

与列表或数组不同，字典不一定要用非负整数键来进行索引。字典实际上是如何实现的呢？在现代计算机中，内存只能实现为位置连续的有限数组，并用非负整数索引值索引到这些位置。因此必须得把所有非整数或整数的键散列为非负整数索引。对于给定范围的可用键，可能是有理数、字符串、字符串元组和数字，再考虑到索引的大小有限，散列过程可能极具挑战性。

下面是字典内部发生的事情。给定一个键，将调用函数 hash。函数 hash 首先会把键转换为一个大整数。如果运行 Python 中的 `hash('a')`，可能会得到结果 `-2470766169773160532`，而 `hash('alice')` 可能会得到结果 `4618924028089005378`[①]。即便忽略这些数字可能是负数的事实，也不可能有这么多独立的内存位置。常见的一种策略是给字典分配数量少得多的 $N = 2^p$ 个位置，然后用算出的散列值的最后 p 个二进制位来获取 0 到 $N-1$ 之间的索引。字典然后将键对应的值存储在获取到的索引位置处。

鉴于可能要用的键数量庞大，总是会出现冲突，也就是说两个键会分配到相同的索引。例如，`hash('k') = 3683534172248121396`，因此`'k'`将因为 p 的减小而与`'a'`发生冲突，因为两个散列值的最后几位都是 `0`。解决冲突的方式可以有很多种，常见的一种方式是用链（chaining）。

简而言之，在链中每个索引指示的不是单个的位置，而是位置的链式列表。用于实现字典的链式散列表可能会如图 17-1 所示。

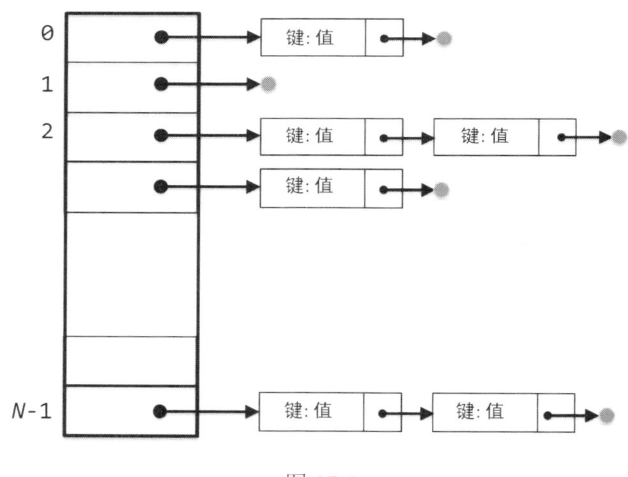

图 17-1

散列表中有 N 个索引位置。这里存在空的索引位置（如索引 `1`），也就是到目前为止还没有键映射到此处。也存在只有单个键的索引位置（如索引 `0`），还存在发生冲突的索引位置且为包含了多个键值对的链表（如索引 `2`）。在查找某个键时，会用函数 `hash` 找到其索引位置，然后可能需要搜索以该索引位置为根的整条链表，以便确定该键是否位于散列表中。键和值都存储在链表的数据项中。如果存储的键与正在查找

① 确切的计算过程和数字并不重要，可能因不同的 Python 版本而有所不同。

的键匹配，则返回其对应的值。链表越长，花费的时间就会越久。

散列表的目标是要让键均匀地分布到不同的索引位置上去，使得每个索引位置平均只有一个键值对。为了提高查找效率，也需要（键）能均匀分布。在习题 2 和习题 3 中，将会以变位词分组为背景探讨键的分布问题。

17.7 习题

习题 1 诚然，本谜题用内置排序函数充了一回数，但前面已经介绍过两种不同排序算法的代码。修改函数 quicksort，不调用内置排序函数，而是根据用 chToprimef 获得的散列值进行排序，并用它生成有序的语料库。

习题 2 本题将会探讨散列的概念，并提出另一种变位词的分组方法。不过这种方法并非万无一失。

假定有一个长度为 n = 30 的列表 L，其元素均为字符串列表。用以下语句可以创建全部元素为空列表的列表：

```
L = [ [] for x in range(30) ]
```

每个 L[i]都是一个空列表，然后会在其中添加元素。目标是要将 corpus 中的所有字符串添加到 L 的元素中。任何字符串都可以，并用函数 primeHash 将其转换为数字。因为散列值可能大于列表的长度，所以 corpus 中的所有字符串 s 都会添加到列表的 L[primeHash(s) % p]位置，这里 p = 29，采用小于 30 的质数。

编写完成上述操作的代码。将列表 L 打印出来。大家会注意到 L 会有许多空列表的元素，但有些元素会是包含多个字符串的列表。如果 corpus 中的某个单词位于某个列表 L[i]中，那么其所有变位词也应该在列表 L[i]中。

读者有否注意到列表元素 L[i]中的非变位词冲突现象？为什么会这样？请尝试将列表长度增加到 100，并采用更大的质数 p = 97，看看是否可以减少或消除冲突。当然，如果增大 corpus 中的单词数量，也可能会增加一定 p 值下的冲突数量。

只要完成了本习题，就将实现一个初级的 Python 字典（或散列表）。

习题 3 本题将沿袭习题 2 的思路，用 Python 字典来解决变位词谜题。回想一下，sorted(s)将返回 s 中的有序字符列表，这可被视作 s 的一种标准表示形式，这样 s 的所有变位词都会产生相同的列表。列表不能用作字典的键，但可以通过 **tuple**(sorted(s))将 sorted 返回的列表转换为元组，并用这个不可变的元组作为字典的键。

编写代码执行以下操作。从给定的语料库中读取每一个单词，并用单词的标准元组形式作为字典 `anagramDict` 的键。与键关联的值应该是语料库中的单词或字符串的列表，其中每个单词都用相应的标准元组形式表示。一旦字典构建完成，只需要运行 `print(anagramDict.values())` 就可以得到全部变位词都彼此相邻的语料库了。

谜题18

充分利用记忆

本谜题涵盖的编程结构和算法范型：字典的创建和查找、异常、递归搜索中的memoization。

下面是一个可爱的硬币选择游戏，这与优化问题有关。假定有一行硬币，数值都是正数。需要从中选取部分硬币，让它们的总和最大化，但相邻的两个硬币不允许选取。

假定有以下硬币：

14 3 27 4 5 15 1

应该选中14，跳过3，再选中27，跳过4和5，再选中15，然后跳过1，总和得到56，这是最优解。请注意，交替选择和跳过多枚硬币对本例不起作用（往往如此）。如果选择了14、27、5和1，那会只能得到47。如果选择3、4和15，那就会只得到可怜的22。

读者能找到以下硬币选择问题（coin row problem）的最大值解吗？

3 15 17 23 11 3 4 5 17 23 34 17 18 14 12 15

显然，这里的目标是要找到一种通用算法，以便能编写并运行代码找到最优的选择方案。首先会用递归搜索来解决问题，通过选中或跳过硬币反复尝试各种选择。如果跳过某枚硬币，那么可以选取或跳过下一枚硬币。但如果选中了一枚硬币，那就只能被迫跳过下一枚硬币。

18.1 递归解决方案

硬币选择问题的递归解决方案如下：

```
1.    def coins(row, table):
2.        if len(row) == 0:
3.            table[0] = 0
4.            return 0, table
5.        elif len(row) == 1:
6.            table[1] = row[0]
7.            return row[0], table
8.        pick = coins(row[2:],table)[0] + row[0]
9.        skip = coins(row[1:],table)[0]
10.       result = max(pick, skip)
11.       table[len(row)] = result
12.       return result, table
```

该函数将一行硬币作为输入，假定是一个列表。它还需要一个字典 table 作为输入参数。该字典将包含最初问题的最优解信息，以及最初问题的子问题。初始调用时字典将为空。在递归搜索过程中将会在字典中填入数据，并且需要传递给每一次递归调用。[①]

第 2～7 行有两个递归基线条件。第一个条件是空行，这时只要把 0 作为最大值返回并更新字典即可。字典 table 的内容将更新为键和值均为 0（第 3 行）。如果行长为 1，则只要将其硬币面值作为最大值返回即可。在只有一枚硬币的情况下，将字典键为 1 的值更新为硬币面值（第 6 行）。

第 8 行和第 9 行进行递归调用，分别对应选中或跳过该行的第一枚硬币。如果将面值 row[0]加入，那就不会再选 row[1]，因此第 8 行的递归调用将 row[2:]作为参数。这表示 row 的前两个元素会被丢弃，丢弃第一个元素是因为其已被选入，丢弃第二个元素则是因为不能相邻的约束条件。在第 9 行中，用 row[1:]作参数发起递归调用，而没有把 row[0]中的值选入。因为 row[0]没有选入，所以如果愿意可以选取 row[1]的。因为 coins 会在第 12 行同时返回值 result 和字典 table，所以在第 8 行和第 9 行需要在调用语句后面跟上[0]，才能访问 result。第 10 行计算出哪个递归调用是最优解，并用该调用值作为结果。第 11 行在字典中写入合适的数据项。一般情况下，字典的键/索引是已计算出最优面值的硬币行长度，并且该键/索引对应存储的值是为该行硬币找到的最优面值。

下面介绍一下递归是如何工作的。选取或跳过硬币在列表中是从前往后进行的。因此，与较短的硬币行相关的递归时规模缩小问题，相应地就是从列表的前部开始丢弃元素，或者说是硬币行左侧的硬币。例如，有以下例子：

① table 可以用列表来表示，那样就必须预先分配一个带有 len[row] + 1 个数据项的列表。后续在带 memoization 硬币函数和其他递归函数时，使用字典会比较方便。

```
14 3 27 4 5 15 1
```

coins 看到的长度为 5 的子列表如下所示：

```
27 4 5 15 1
```

如果只对硬币选择问题可得到的最大面值感兴趣，那么只需返回 result 即可，甚至都不需要用到 table。但还是需要知道选择了哪些硬币。假如有人解决了一长行硬币选择问题（第二个例子），并说出最佳结果是 126，那需要相当多的工作才能进行验证。还是得自行解一次硬币选择问题。返回的字典包含了有效确定选中硬币所需的信息，后续将简单介绍的回溯过程，能够将需要进行的操作显示出来。

如果运行[①]

```
coins([14, 3, 27, 4, 5, 15, 1], table = {})
```

则返回如下结果：

```
(56, {0:0, 1:1, 2:15, 3:15, 4:19, 5:42, 6:42, 7:56})
```

第一个值是最佳面值，字典会打印在大括号之间，表示为一排键值对。例如，table[0] = 0，table[4] = 19，table[7] = 56。字典不仅给出了长度为 7 的初始硬币行的最佳值，而且给出了规模缩小的硬币选择问题的最佳面值，由此就可以回溯硬币的选择过程了。例如 table[4]就表明，由列表后 4 个元素 4、5、15、1 构成的子列表对应的最佳面值是 19。该最大面值是通过选择 4 和 15 得到的。

下面将展示如何利用 table 中的数据值方便地回溯硬币的选取过程。

18.2　回溯硬币的选择过程

回溯硬币的选择过程如下：

```
1.    def traceback(row, table):
2.        select = []
3.        i = 0
4.        while i < len(row):
5.            if (table[len(row) - i] == row[i]) or \
```

① 或许读者会认为，在 coins 中将字典 table 的默认值设为{}，并且在调用时不指定第二个参数，这样用起来会很方便。Python 每个函数的默认参数只有一个副本，因此如果在解决多个硬币选择问题时使用默认参数，将会导致前面实例的结果值溢出。可变的默认参数请慎用。

```
5a.                (table[len(row) - i] == \
5b.                 table[len(row) - i - 2] + row[i]):
6.                  select.append(row[i])
7.                  i += 2
8.              else:
9.                  i += 1
10.         print('Input row = ', row)
11.         print('Table = ', table)
12.         print('Selected coins are', select,
                'and sum up to', table[len(row)])
```

过程 traceback 的输入参数是硬币行和字典。请注意，table 键的取值范围是从 0 到 **len**(row)，然而 row 的索引将如往常一样从 0 到 **len**(row) - 1。

过程 traceback 从最大的字典键开始回溯，那里存放着最长硬币行问题的信息。第 5 行是该过程的关键语句。首先重点关注第 5 行的第二部分，在第一个'\'之后。如果从列表末尾开始回溯，会看到两个列表项 table[**len**(row) - i] 和 table[**len**(row) - i - 2]，后者比前者少了 row[i]，这意味着 row[i] 处的硬币已被选中（应该是硬币行中的第 i + 1 个硬币）。举个例子，假定 i = 0。然后会比较字典 table 中的最后和倒数第 3 个数据项。这两项数据项对应着初始问题的两个最优解。最后一个数据项 table[**len**(row)] 对应初始问题的最优解。而倒数第 3 个数据项 table[**len**(row) - 2]，则对应初始问题去除前两个元素后的最优解。如果最后一项数据比倒数第 3 项大 row[0]，即可认定初始问题的最优解选中了第一个元素 row[0]。选中第一个元素后，就必须跳过第二个元素。如果 row[0] 与 row[1] 不同[①]，初始问题的最优解要能等于 row[0] 与初始问题去除前两个元素后的最优解之和，唯一的方案就是第一个元素已被选中。

为什么第 5 行的第一部分带有条件 table[**len**(row) - i] == row[i]呢？这只是考虑到 i = **len**(row) - 1 时的边界情况。这种情况下，因为 **len**(row) - i - 2 < 0，所以第 5 行的第二部分将会崩溃。多亏有第一个条件及 **or** 逻辑，第二部分才不会执行，因为 table[1] 始终会设为 row[**len**(row) - 1]，所以第一个条件的计算结果将为 **True**。

通常如果选了 row[i]，就不能再选取 row[i + 1]，所以将 i 增加 2 并继续（第 7 行）。如果没有选 row[i]，则将 i 增加 1 并继续（第 9 行）。

针对上述示例数据会发生什么呢？假设运行

① 如果 row[0] 与 row[1] 相同，那么选取 row[1] 可能也会生成同样最大面值的解，但在两种情况下选取 row[0] 都能保证初始问题存在最优解。

```
row = [14, 3, 27, 4, 5, 15, 1]
result, table = coins(row, {})
traceback(row, table)
```

将会得到如下结果：

```
Input row = [14, 3, 27, 4, 5, 15, 1]
Table = {0: 0, 1: 1, 2: 15, 3: 15, 4: 19, 5: 42, 6: 42, 7: 56}
Selected coins are [14, 27, 15] and sum up to 56
```

因为 table[7]等于 table[5] + row[0]，即 56 = 42 + 14，所以 row[0] = 14 被选中并将计数器 i 增加 2。因为 table[5]等于 table[3] + row[2]，即 42 = 15 + 27，所以 row[2] = 27 被选中并将 i 增加 2。接下来检查 table[3]，它不等于 table[1] + row[4]，即 15 ≠ 1 + 5，所以将 i 增加 1。而 table[2]等于 table[0] + row[5]，即 15 = 0 + 15，所以将 row[5] = 15 也加入进来。

回想第二个硬币选择问题：

```
3 15 17 23 11 3 4 5 17 23 24 17 18 14 12 15
```

这个硬币选择问题的最优解是 126，通过选择 15,23,4,17,34,18 和 15 获得。

这样就有了一种自动化的方案来找到任意大小列表的最优解。不过还有一个小问题。正如 N 皇后谜题（谜题 10）中递归计算斐波那契数（Fibonacci）那样，这里要执行大量的递归调用。实际上，两者的递归调用次数完全一样。对于大小为 n 的列表，最终要用大小为 $n-1$ 的列表和大小为 $n-2$ 的列表调用该过程。因此，大小为 n 的列表的调用次数可由以下公式给出：

$$A_n = A_{n-1} + A_{n-2}$$

如果 $n = 40$，则 $A_n = F_n = 102334155$。这可不大妙啊。

之所以要发生这么多次调用，是因为递归计算斐波那契数和递归调用 coins 函数都在做重复劳动。图 18-1 是列表长度为 5 时 coins 函数的各次递归调用。毫不奇怪，它看起来与斐波那契数完全一样。图 18-1 中只标出了列表的长度，因为对递归调用示意图而言，列表的元素如何无关紧要。

对于斐波那契数，可以转而采用一种迭代的解决方案，它计算 F_{40} 只需要 40 次。但假定偏爱递归的方案，并希望到处采用。请问可以更高效地实现斐波那契数的递归计算及本谜题的递归方案吗？理想情况下，能否达到迭代方案的效率呢？

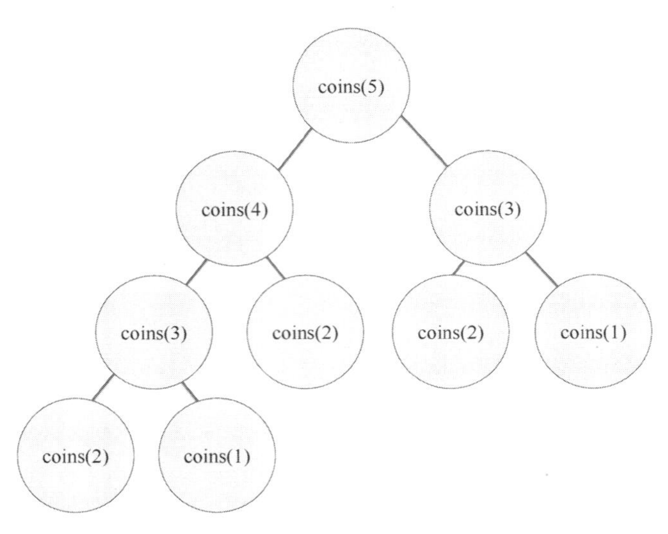

图 18-1

18.3 memoization 技术

当然可以做到，通过一种称为 memoization 的技术来消除重复的调用。在上述硬币选择问题中，已经有了一个字典，需要做的只剩下查看字典 `table`，看看问题的解是否已计算过了。

下面给出了 memoization 机制是如何在硬币选择问题的递归方案中生效的。

```
1.     def coinsMemoize(row, memo):
2.         if len(row) == 0:
3.             memo[0] = 0
4.             return (0, memo)
5.         elif len(row) == 1:
6.             memo[1] = row[0]
7.             return (row[0], memo)
8.         try:
9.             return (memo[len(row)], memo)
10.        except KeyError:
11.            pick = coinsMemoize(row[2:], memo)[0] + row[0]
12.            skip = coinsMemoize(row[1:], memo)[0]
13.            result = max(pick, skip)
14.            memo[len(row)] = result
15.            return (result, memo)
```

以上对 coins 的代码做了微小但很重要的改动。除将 table 更名为 memo 之外，前 7 行完全没变。然后在第 8 行，第一次碰到了 Python 的 **try-except** 块的开始部分。

查找越界的列表索引或不存在的字典键/索引，这类问题会抛出异常。这很合理，因为这些数据项不存在。但是试着访问一下，在有返回值时对返回值执行某些操作，否则在访问越界时执行其他操作，有时候这样处理起来会比较方便。这正是 **try-except** 块提供的功能。

第 9 行检查正打算解决的问题的最优解是否已计算过了。最优解存储在 memo[**len**(row)]中，这是一个键为 **len**(row)的字典项。如果键值对已存在于字典中，只要直接返回即可。如果键不存在，则会收到异常 KeyError。如果没有 **try** 块，程序就会崩溃。多亏有了 **try** 块，程序控制流会进入第 10 行的 **except** 块。在 **except** 块中，表示已知这是第一次遇到当前（规模）的硬币选择（子）问题。然后就像在原先的 coins 代码一样，进行递归调用来求解。和以前一样，将计算结果填入 memo 表（第 14 行）。这意味着下次遇到相同（规模）的问题时，就不需要再进行递归调用了。

令人惊奇的是，这里只添加了 3 行代码，就在运行时间上获得了指数级的提升。带有 memoization 的函数对每个（规模）的问题只计算一次解，并将其保存在字典 memo 中。memo 中只有 **len**(row) + 1 个数据项。每个解都只计算了一次，但被查找了很多次。

coins 中的变量 table 被更名为 coinsMemoize 中的 memo，以反映该变量的功能变化。coinsMemoize 在递归期间将会查询 memo 表，使得计算效率得以显著提升，而 coins 中的变量 table 则仅供写入而从未读取过。

18.4 避免使用异常

可别误以为 **try-except** 块对于 memoization 机制是必不可少的。事实上，有些程序员会刻意避免抛出异常，因为异常可能比正常操作更加耗时。以下代码做了少许改动，可以避免异常。

```
1.    def coinsMemoizeNoEx(row, memo):
2.        if len(row) == 0:
3.            memo[0] = 0
4.            return(0, memo)
5.        elif len(row) == 1:
6.            memo[1] = row[0]
7.            return(row[0], memo)
8.        if len(row) in memo:
```

```
 9.             return(memo[len(row)], memo)
10.         else:
11.             pick = coinsMemoizeNoEx(row[2:], memo)[0] + row[0]
12.             skip = coinsMemoizeNoEx(row[1:], memo)[0]
13.             result = max(pick, skip)
14.             memo[len(row)] = result
15.             return(result, memo)
```

上述代码执行的检查与异常处理代码相同。认识到这一事实是理解异常的好方法。异常可用于处理出错的情况，例如被零除时。若是语句很多，每条语句都可能会失败，那不妨将它们放入 **try** 块中，有时候会比在每条语句执行前用多次条件判断更方便些。

18.5　动态规划

动态规划是一种解决问题的方法，它会将问题分解成多个更为简单、有可能重复和重叠的子问题。动态规划与分治不同，后者的子问题是不相交或不重叠的。例如，在归并排序或快速排序中，两个数组是不相交的。类似地，在硬币称重问题中，硬币被分成不相交的组。但在硬币选择示例中，两个子问题是重叠的，因为它们的硬币是共用的。

这种子问题的重叠，意味着对某些子问题可能会重复求解。在动态规划中，每个子问题只需求解一次，并保存其解。下次出现相同的子问题时，不再重新计算，而只需查找先前计算过的解即可，从而节省计算时间。为了能进行高效查找，每个子问题的解都以某种方式进行了索引，通常是基于子问题的输入参数值。因此，保存子问题的解而不重新计算的技术被称为 memoization。

采用动态规划和 memoization 技术已经有效解决了硬币选择问题。正如习题中将会看到的那样，硬币选择问题并不是本书第一个适合采用动态规划和 memoization 技术的问题。

18.6　习题

习题 1　请回到谜题 10 中的斐波那契代码，特别是函数 `rFib`。请采用 memoization 技术来消除 `rFib` 中的重复调用，并使其与迭代版本的 `iFib` 一样高效。

或许读者会念念不忘一个问题，能否像斐波那契一样用迭代来解决硬币选择问题呢？绝对可以，并且与已给出的代码有些类似。

```
1.    def coinsIterative(row):
2.        table = {}
3.        table[0] = 0
4.        table[1] = row[-1]
5.        for i in range(2, len(row) + 1):
6.            skip = table[i-1][0]
7.            pick = table[i-2][0] + row[-i]
8.            result = max(pick, skip)
9.            table[i] = result
10.       return table[len(row)], table
```

第3～4行负责解决行长为 0 和 1 的简单情况。注意，这两个小问题对应于列表末尾的硬币。这就是为什么用 row[-1]填入 table[1]的原因，它只是硬币行中的最后一个硬币，写成 row[**len**(row) - 1]也是一样的。函数 coinIterative 生成的结果与回溯过程一致，可用于取代 coins 或 coinsMemoize。

本来一开始就可以展示这段代码，给出解释，然后把它留在那里，不过那样读者可能就再不会去了解 memoization 技术或 **try-except** 块了。这两个概念和编程结构都已得到广泛应用，很值得作为常备工具来使用。而且在许多情况下，解决问题的自然方法就是编写递归函数。另外在某些情况下可以用 memoization 技术来保证效率。例如，memoization 可以提高谜题 16 的难题 2 中的最大权重课程选择的效率，参见下面的习题 3。

难题 2 下面求解另一个版本的硬币选择问题。选了一个硬币后可以再选下一个硬币，但选了两个硬币之后必须跳过两个硬币。请为本题编写递归、递归加memoization和迭代版本的代码。和以前一样，目标是最大化所选硬币的面值。为了得到所选的硬币，请编写代码回溯硬币的选择过程。

对于简单例子：

```
[14, 3, 27, 4, 5, 15, 1]
```

代码应该得出以下结果：

```
(61, {0: (0, 1), 1: (1, 2), 2: (16, 3), 3: (20, 3),
4: (20, 1), 5: (47, 2), 6: (47, 1), 7: (61, 2)})
```

可选择的最大面值为 61，应相应选择 14、27、5 和 15。

提示：为了遵守新的相邻规则，需要进行 3 次递归调用，并从这 3 次调用的返回值中选择最大值。本题不像在初始问题时那样作出两种选择（选取或跳过硬币），而是必须编码进行 3 种选择：跳过硬币、选取硬币并跳过下一个硬币或选取两个相邻的硬币。读者可能会发现，先编写递归方案会比迭代方案更加容易。

习题 3　请用 memoization 技术改进在谜题 16 中为难题 2 编写的最大权重课程选择算法。下面以伪代码的形式给出了需要做的工作：

```
recursiveSelectMemoized(courses)
    基线条件：如果 courses 为空则不做任何操作
    对于 courses 中的每门课程:
        后续课程 = 在 c 结束或之后开始的课程
        选中课程 = c + 从后续课程中递归选取的结果{ 在调用递归选取前，先查看 memo 表，
                   看后续课程问题是否在先前已有求解 }
        保留到目前为止权重最大的选择
    先将权重最大的选择结果存入 memo 表再将其返回
```

memo 表中将包含键值对，键是课程列表，值是权重最大的无冲突课程列表。但是，Python 字典不允许将可修改（或可变）的列表用作键。所以必须用到函数 `repr`，它能把列表转换为不可修改（或不可变）的字符串形式，如下所示：

```
repr([[8, 12], [13, 17]]) = '[[8, 12], [13, 17]]'
```

然后就可以加入字典并按以下方式查询。

```
memo[repr(courses)] = bestCourses
result = memo[repr(laterCourses)]
```

习题 4　回到统计零钱谜题（谜题 15）。朋友愿意接受支付，但希望用最少的钞票张数。钞票面额有很多种，而且每种面额的钞票数量不限。在谜题 15 的习题 3 中，要求读者解决这个问题。

当目标值很大时，枚举全部解和找到钞票数量最少解的代码可能会运行相当长的时间。通过 memoization 技术，可以让解决钞票最少问题的代码效率更高。请利用 memo 表编写 memoization 代码，采用当前目标值做字典键。例如，对目标值 `10` 而言，memo 表将存储总额为 `10` 的最少钞票数对应的解。

`makeSmartChange` 必须进行重新构造，以便在选取一张钞票并递归调用 `makeSmartChange` 后，目标值就会减去所选钞票的金额。这样的话，根据每次递归调用的目标值进行 memoization 就能更加容易一些，只要该次调用为目标值返回了钞票数最少解即可。

memoization 技术应该能够解决规模较大的问题，并能快速找到所需的最少数量的钞票。例如，目标值是 1305 美元，钞票面额是 7 美元、59 美元、71 美元和 97 美元。答案是 4 张 7 美元，4 张 59 美元，1 张 71 美元和 10 张 97 美元，共计 19 张钞票。

难题 5 在谜题 15 的习题 1 中，要求利用全局变量对已给出的代码做出修改，对零钱问题的解进行计数。显然，这种方法与枚举全部解的效率是一样的。毫不奇怪，有一种更有效的不采用枚举的方法来对不同的解进行计数。

假设有钞票 $B=b_1, b_2, \cdots, b_m$，目标值是 n。解可分为两组。第一组中的解不包含钞票 b_m，第二组中的解至少包含一张 b_m。可以写出以下递归公式。

$$\text{count}(B, m, n) = \text{count}(B, m-1, n) + \text{count}(B, m, n-b_m)$$

第一个参数是钞票面额的列表。每个 count 中的第二个参数是问题的规模（即所要考虑的钞票面额的数量）。也就是说，$m-1$ 表示只考虑 $b_1, b_2, \cdots, b_{m-1}$ 面额。第三个参数是问题的目标值。

首先需要为上述递归公式定义几种基线条件。请根据上述递归公式编写代码，用递归和递归加 memoization 的方案解决这个真正的“对可能的零钱计算方案进行计数”问题。请与谜题 15 的习题 1 的低效枚举解决方案进行比较，以检查本自编方案的正确性。

谜题 19

要记得周末

本谜题涵盖的编程结构和算法范型：图的字典形式和实现图的递归式深度优先遍历。

假定你因为难缠的朋友而遇到麻烦了，因为他们已经知道自己没有被邀请参加你家的聚会。因此，你宣布将在周五和周六连续两晚举行晚宴，并且你的每位朋友都将受邀参加其中一天的聚会。你还得操心那些彼此很不喜欢的朋友们，要邀请他们参加不同日子的聚会。

总之：

（1）每个朋友都必须出席两次晚宴中的一次；

（2）如果 *A* 不喜欢 *B* 或 *B* 不喜欢 *A*，他俩就不能同时出席同一次晚宴。

因为不知道是否能解决这个难题，所以现在你有点儿担心。如果有如图 19-1 所示的这种小型社交圈，那就很简单了。回想一下，这张图中的顶点表示朋友，一对顶点之间的边表示两个朋友不喜欢彼此，不能被邀请参加同一次聚会。

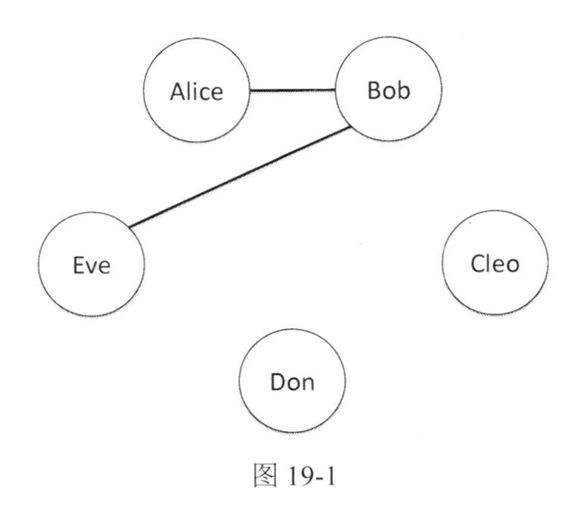

图 19-1

第一天的晚宴可以邀请 Bob、Don 和 Cleo。第二天的晚宴则可以邀请 Alice 和 Eve。当然还可以有其他的分配可能。可惜的是，这个社交圈已经是好几个月以前的事了，现在有了新变化。现在的社交圈如图 19-2 所示。

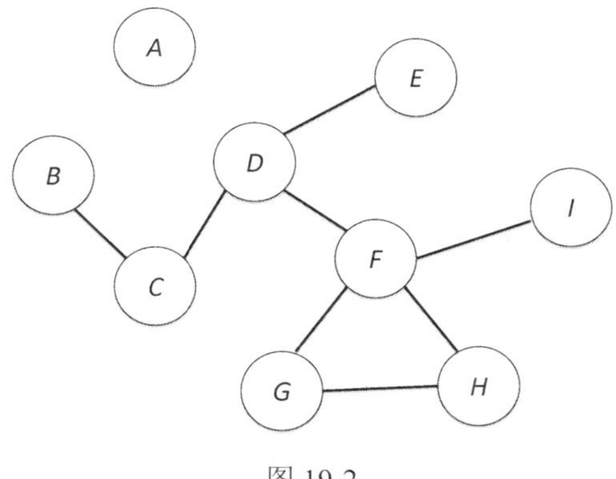

图 19-2

能够按照上述自定规则邀请到所有从 A 到 I 的朋友吗？或者只能收回承诺，不再邀请某些人？

没戏了。仔细观察图 19-2 你会发现，有 3 个朋友 F、G 和 H，每个人都不能与其他两个人一起邀请。你需要 3 天才能招待完他们 3 个人。

好吧，只好去说服 G 和 H，在他们彼此见面时不要惹事。这样现在的社交图看起来应该如图 19-3 所示。

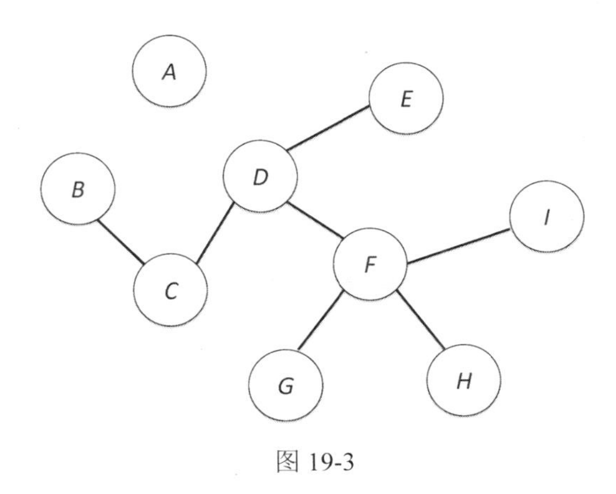

图 19-3

这样如何？

19.1　找到分区

经过一番努力，你也许会发现可以邀请 B、D、G、H 和 I 参加第一天的晚宴，并

邀请 A、C、E 和 F 参加第二天的晚宴。还好！

你的社交圈很不稳定，可能需要一周又一周地进行这种分析。你很想快速得知是否可以在任何一周宣布，例如“两晚都有聚会，每人都可以来参加一晚”，并确信这会是一个热闹而友好的周末。你想编写一个程序，看看是否有某种方法可以将朋友们划分（partition）或分隔（split）到两个晚上，这样在查看社交圈示意图的时候，所有彼此生厌的边都会横跨分区，两边的人不会出现在同一侧。

分区看起来会像图 19-4 的样子。

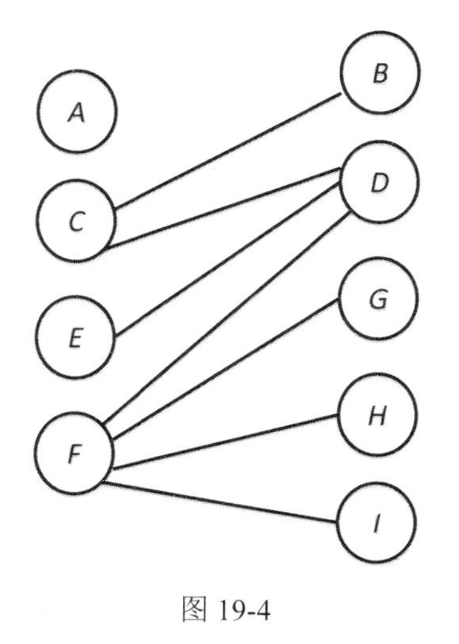

图 19-4

这只是将社交圈示意图重新画了一下。其实图 19-4 有一个名字，即二分图（bipartite graph）。二分图的顶点可以划分为两个独立的组 U 和 V，这样每条边(u, v)是连接从 U 到 V 的顶点，或是连接从 V 到 U 的顶点。也可以说没有边会连接同一组内的顶点。在上述例子中，$U = \{A, C, E, F\}$，$V = \{B, D, G, H, I\}$。

如果图可以用两种颜色着色，而相邻的两个顶点（即同连一条边的两个顶点）颜色都不相同，那么图就是二分的。当然，这只是对原问题的复述，只是用颜色代替了晚宴。有时会将着色约束称为邻接（adjacency）约束。

你或许会认为，二分图不能有环路（cycle）。对偶数个顶点构成的环路图，是有可能用两种颜色进行着色的，如可用阴影和网格线，如图 19-5 所示。

$U = \{A, C, E\}$，$V = \{B, D, F\}$，可以在第一天邀请 U 的成员，在第二天邀请 V 的成员。但是，如果有奇数个顶点的环路图，那就不可能用两种颜色对图完成着色了。看一下第二个例子中图 19-2 所示的 F、G 和 H，那个图共有 9 个顶点。其中的 G 和 H 之间有一条边相连。F、G 和 H 处于 3 点环路之中，因此该图不是二分图。图 19-6 所示的 5 点环路就不是二分图。

将 A 的颜色改为网格线也无济于事。因为那样 B 和 F 就需要涂成阴影，然后 C 和 D 就需要涂成网格线，这样就违反了邻接约束。

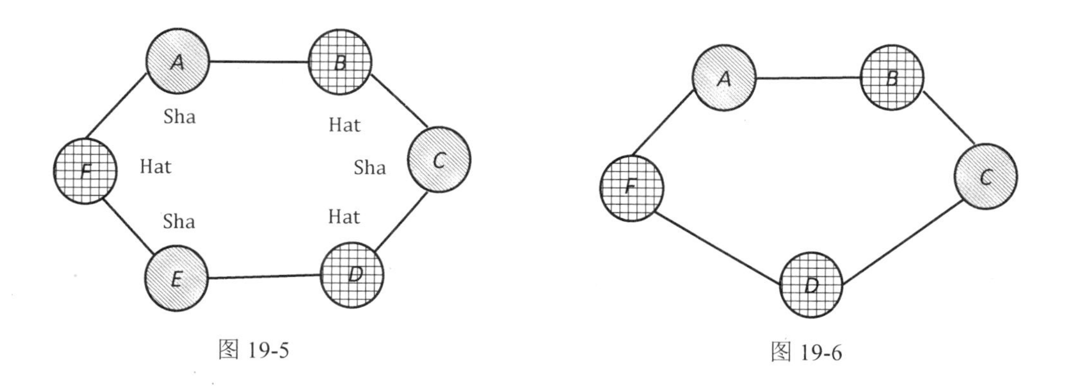

图 19-5　　图 19-6

19.2 二分图的判别

需要有一种能用两种颜色对图的顶点进行成功着色的算法，如果是二分图则遵守邻接约束，或者明确其不是二分图。一种颜色对应于集合 *U*，另一种颜色对应于集合 *V*。以下是一种可能实现的算法，用到了名为“深度优先搜索”的技术。

（1）*color* = 阴影，*vertex* = 起始顶点 *w*。

（2）如果 *w* 尚未着色，用 *color* 对 *w* 进行着色。

（3）如果 *w* 已用不同于 *color* 的颜色进行着色，则不是二分图。返回 **`False`**。

（4）如果 *w* 已正确着色，则返回 **`True`** 和其未作改动的着色结果。

（5）反转 *color* 值，阴影变为网格线，网格线则变为阴影。

（6）对 *w* 的所有相邻顶点 *v* 递归调用过程，参数是 *v* 和 *color*，也就是让 *w* = *v* 并跳转到第 2 步。只要有一次递归调用返回 **`False`**，就返回 **`False`**。

（7）当前图为二分图。返回 **`True`** 和着色结果。

下面对图 19-7 所示的示例图运行该算法，从以阴影着色的顶点 *B* 开始。*C* 是唯一与 *B* 连接的顶点，将用下一种颜色（网格线）进行着色。从 *C* 开始就会来到 *D*，因为 *B* 已经上过色了。一旦 *D* 上了色，因为 *C* 也已着色，所以可选择对 *E* 或 *F* 进行着色，那就先对 *E* 进行着色。

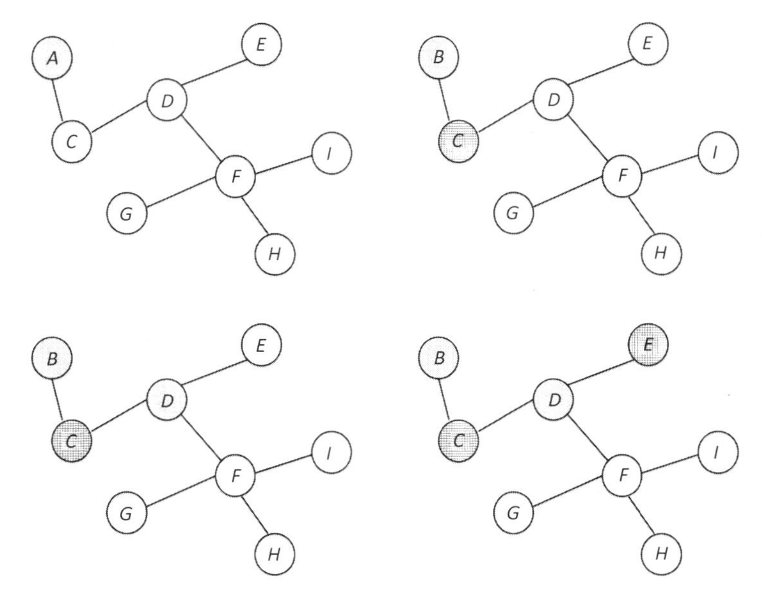

图 19-7

因为 E 除了 D 之外没有其他相邻顶点，所以下面就来到了 D 的相邻顶点 F。下面按照 G、H、I 的顺序对 F 的相邻顶点进行着色，如图 19-8 所示。

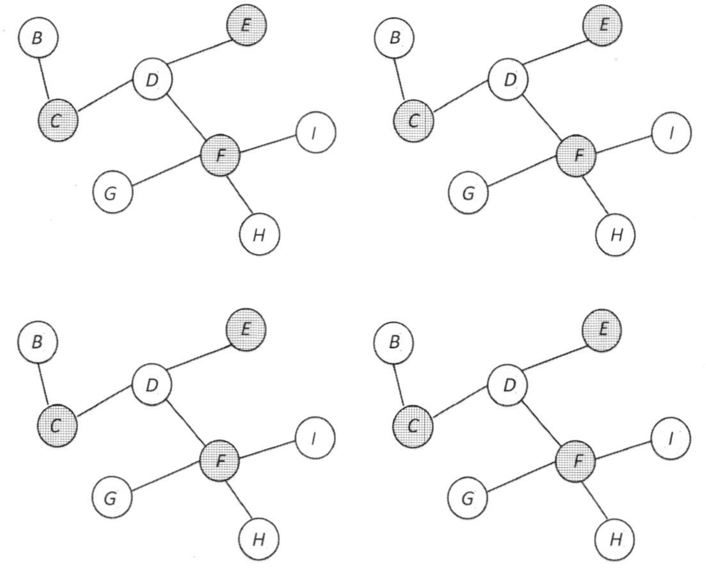

图 19-8

读者可能已经注意到了，以上示例图中省略了顶点/朋友 *A*，它在之前介绍过的社交圈中是存在的。这是因为 *A* 没有与其他任何顶点相连，它没有任何邻居。当然，*A* 着色为阴影或网格线均可。

此处假定输入的图可以从指定的起始顶点到达所有顶点。本谜题末尾有一道习题将处理输入图中可能存在断开部分的常见情况。

19.3　图的表示

在开始编写算法代码之前，必须为图选择一种数据结构。该数据结构应能支持执行算法所需的操作，先读取顶点，再找到其相邻顶点，然后找到邻居的邻居，依此类推。下面是一种基于 Python 字典实现的图，它将能满足需求。图 19-8 即可表示如下：

```
graph = {'B': ['C'],
         'C': ['B', 'D'],
         'D': ['C', 'E', 'F'],
         'E': ['D'],
         'F': ['D', 'G', 'H', 'I'],
         'G': ['F'],
         'H': ['F'],
         'I': ['F']}
```

字典代表图的顶点和边。字符串用来表示图的顶点，图中的 *B* 就是`'B'`，依此类推。每个顶点都是字典 `graph` 中的一个键。每一行对应一个键值对，其中值是顶点键相连的边的列表。边则简单地用其目标顶点表示。在上述例子中，*B* 有一条连到 *C* 的边，因此`'B'`键的值就是包含了单个数据项的列表。而顶点键`'F'`则带有与其 4 条边对应的包含 4 个数据项的列表。

本谜题用到的是无向图（undirected graph），意思就是每条边都是不带方向的。这表示如果能由顶点 *B* 到顶点 *C* 经过某条边，那就能以相反的方向从顶点 *C* 到顶点 *B* 经过这条边。对字典表示法而言，这表示如果顶点键 *X* 在其值的列表中包含顶点 *Y*，那么顶点键 *Y* 在其值列表中也将包含顶点 *X*。请查看一下上面的字典 `graph`，应该存在这种对称的情况。

在谜题 17 的变位词问题和谜题 18 的硬币选择问题中，已经出现过字典了。字典本质上就是列表，但是可带有类型更加宽泛的索引，例如，`graph` 的索引可以是字符串。下面将对字典执行一些其他操作，展示出字典的强大功能。

有一点非常重要，请注意这里不会依赖于字典中键的任何特定顺序。代码应该会发现以下的图 graph2 可对应为二分图，并对其进行适当着色。如果对输入的 graph 和 graph2 是从相同顶点和颜色开始，那么应该得到完全相同的着色结果：

```
graph2 = {'F': ['D', 'G', 'H', 'I'],
          'B': ['C'],
          'D': ['C', 'E', 'F'],
          'E': ['D'],
          'H': ['F'],
          'C': ['B', 'D'],
          'G': ['F'],
          'I': ['F']}
```

上面 8 张示意图中给出的算法，对字典 graph 和 graph2 均可执行。顶点着色的顺序取决于字典值（列表）的顺序。例如，这就是为什么在顶点 D 着色后，G 在 H 之前着色，而 H 又在 I 之前着色。

下面是二分图着色的代码，与之前给出的伪代码很接近：

```
1.    def bipartiteGraphColor(graph, start, coloring, color):
2.        if not start in graph:
3.            return False, {}
4.        if not start in coloring:
5.            coloring[start] = color
6.        elif coloring[start] != color:
7.            return False, {}
8.        else:
9.            return True, coloring
10.       if color == 'Sha':
11.           newcolor = 'Hat'
12.       else:
13.           newcolor = 'Sha'
14.       for vertex in graph[start]:
15.           val, coloring = bipartiteGraphColor(graph,\
15a.                          vertex, coloring, newcolor)
16.           if val == False:
17.               return False, {}
18.       return True, coloring
```

上述过程的参数包括输入的 graph（以字典形式表示）、要开始着色的顶点 start、另一个存放顶点与颜色映射关系的字典 coloring，以及最后一个参数用于顶点 start 的 color。

第 2 行会检查字典 graph 是否包含顶点键 start，如果没有则返回 **False**。注意在递归搜索过程中有可能出现一种情况，也就是在某个顶点的相邻顶点列表中会遇到顶点'Z'，但在图的字典形式中却不存在'Z'这个键。下面是一个简单的示例：

```
dangling = {'A': ['B', 'C'],
            'B': ['A', 'Z'],
            'C': ['A']}
```

第 2 行会对以上这种情况做出检查。

第 4～9 行对应于算法的第 2～4 步。如果是第一次遇到顶点 start，则字典 coloring 中将不会包含该顶点。在这种情况下，就用 color 为该顶点着色并将其添加到字典 coloring 中（算法的第 2 步）。如果字典 coloring 中已经包含了 start，那就必须将该顶点的现有颜色与准备填入的颜色进行比较。如果颜色不同，则说明该图不是二分图并返回 **False**（算法的第 3 步）。否则就说明，到目前为止该图还是二分图（后续仍有可能发现其不是二分图）。因此，本次调用将返回 **True** 和当前着色结果（算法的第 4 步）。

第 10～13 行将颜色反转并准备继续进行递归调用。这里将阴影着色表示为'Sha'，将网格着色表示为'Hat'。第 14 行遍历 graph[start]中的顶点，它返回的是 start 的相邻顶点列表。第 15 行执行递归调用，参数是每个相邻的顶点、更新过的着色结果和反转的颜色。如果有任一调用返回 **False**，则说明该图不是二分图并返回 **False**。如果所有递归调用都返回 **True**，则返回 **True** 和着色结果。如果运行：

```
bipartiteGraphColor(graph, 'B', {}, 'Sha')
```

这表示起始顶点为 *B*、着色结果字典为空、选用阴影作为顶点 *B* 的颜色，则返回结果如下：

```
(True, {'C': 'Hat', 'B': 'Sha', 'E': 'Hat', 'D': 'Sha', 'H': 'Sha', 'I':
'Sha', 'G': 'Sha', 'F': 'Hat'})
```

着色结果以字典的形式返回，字典键的顺序与计算机的运行平台和运行时机相关，意思就是即便用了同样的输入，再次运行程序其顺序仍有可能会变化。尽管首先着色的是顶点 *B*，但这里首先出现的是顶点 *C* 关联的键。字典并不保证首先插入的键在打印时也会首先出现，在用 dictname.keys()为字典 dictname 生成全部键时也一样不保证顺序。例如，字典 graph 首先给出的是'B'。如果打印 graph.keys()的结果，其返回的是列表，可能会得到['C', 'B', 'E', 'D', 'G', 'F', 'I', 'H']。同理，graph.values()会生成字典的所有值，它可能会生成[['B', 'D'], ['C'], ['D'], ['C', 'E', 'F'], ['F'], ['D', 'G', 'H', 'I'], ['F'], ['F']]。

19.4　图的着色

最多可用 k 种颜色对图进行着色，这被称为（完全）k 着色。虽然本谜题已经展示了一种检查图形是否可用两种颜色着色的有效方法，但对于 3 种颜色的同一问题却是一个难题。也就是说，对某些图而言，能正确确定任意图是否可用最多 3 种颜色进行着色的已知算法，都有可能因图的顶点数量而需要执行指数级增长的多次操作。

图着色问题的第一个成果几乎只涉及名为平面图（planar graph）的特殊类型的图，它们起因于地图的着色。平面图可以绘制成没有交叉边的图形。图 19-9 给出的是平面图和非平面图的示例。

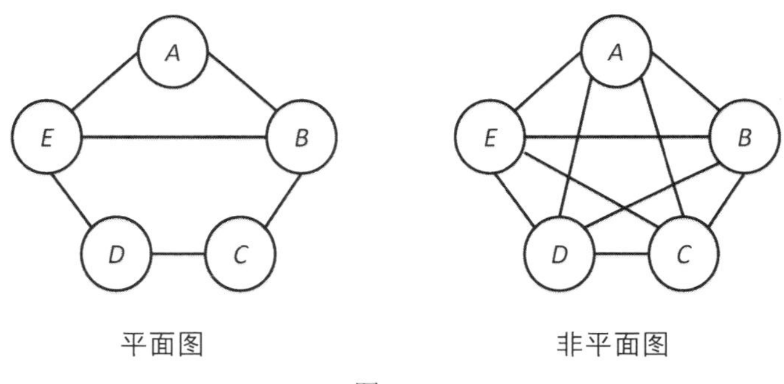

图 19-9

在为英国各郡的地图着色时，Francis Guthrie 推测用 4 种颜色就足以为任何地图着色，使得共同边界的区域不会用到相同的颜色。这被称为平面图的四色猜想。

1879 年，Alfred Kempe 发表了一篇声称着色结果可以确定的论文。1890 年，Percy John Heawood 指出，Kempe 的论证是错误的，并且证明了采用 Kempe 思想的五色定理。五色定理表明，所有平面地图都可以用不超过 5 种颜色进行着色。经过多次尝试，平面图的四色定理在 1976 年由 Kenneth Appel 和 Wolfgang Haken 用与 Kempe 大不相同的技术得以证明。作为第一个主要的计算机辅助证明，四色定理的证明还是值得引起注意的。

19.5 习题

习题 1 二分图检查程序假定图都是连通的。但社交圈可能包含不连通的部分，如图 19-10 所示，这是之前示例的一个变体。

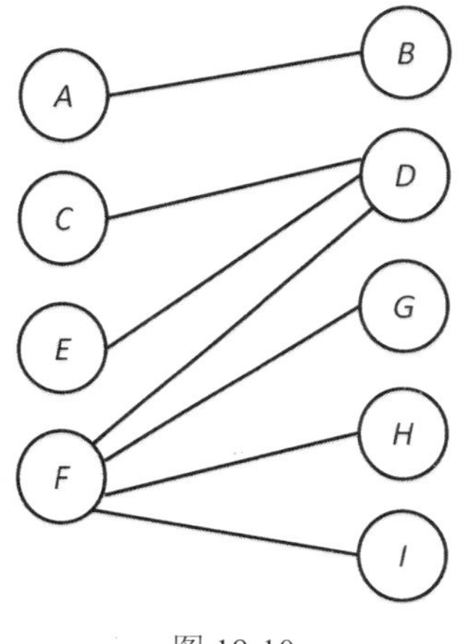

图 19-10

修改代码，使其适用于图 19-10 这种图。假如 `bipartiteGraphColor` 的起始顶点参数是 *A* 或 *B*，则当前代码将只会为图 19-10 中的两个顶点 *A* 或 *B* 着色，并会在处理过 *I* 之后仍让 *C* 保持未着色状态。

请创建一个调用 `bipartiteGraphColor` 的父过程，可在输入图上带上多个起始顶点。然后检查输入图中的所有顶点是否都已着色。如果没有，则从未着色的顶点开始，将其作为起始顶点运行 `bipartiteGraphColor`。继续这一过程，直至输入图中的所有顶点都已着色。只要所有部分都是二分图，在对每个部分的所有顶点都着色完毕后，输出晚餐邀请结果。

习题 2 修改过程 `bipartiteGraphColor`，使其打印出起始顶点的环路路径，如果存在这样的路径，则无法用两种颜色进行着色。如果图不是二分图，那就会存在这样的路径，否则就不会存在。环路可能不包括起始顶点，但在图不是二分图的情况下可以从起始顶点到达。假定有以下图：

```
graphc = {'A': ['B', 'D' 'C'],
          'B': ['C', 'A', 'B'],
          'C': ['D', 'B', 'A'],
          'D': ['A', 'C', 'B']}
```

修改后的过程应该输出如下结果：

```
Here is a cyclic path that cannot be colored ['A', 'B', 'C', 'D', 'B']
(False, {})
```

习题 3 过程 `bipartiteGraphColor` 体现了深度优先搜索的思想。以下代码会对一系列的顶点进行递归调用：

```
14.     for vertex in graph[start]:
15.         val, coloring = bipartiteGraphColor(graph,\
15a.                        vertex, coloring, newcolor)
```

假设目标不是要对图进行着色，而是要找到每对顶点之间的路径。请编写一个函数 findPath，如果存在这样的路径，则查找并返回由起始顶点到结束顶点的路径，如果不存在则返回 **None**。如果对字典 graph 运行 findPath，起始顶点用'B'，结束顶点用'I'，那就应该找到路径['B', 'C', 'D', 'F', 'I']。

难题 4　如果移除无向连通图中的顶点及其相连的边会让图断开，那么该顶点就是一个“关节点”(articulation point)。关节点对于可靠的网络设计是很有用的，因为它们代表连通网络中的弱点，也就是单点，其故障会将网络拆分为两个或多个断开的部分。图 19-11 中的关节点都用阴影进行了着色。

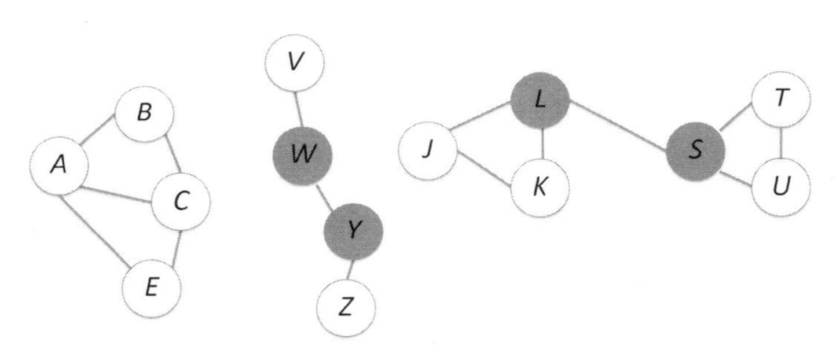

图 19-11

请设计一种算法并编写成代码，确定某给定图是否包含一个或多个关节点，并在存在关节点时将它们输出出来。

谜题 20

六度分隔

本谜题涵盖的编程结构和算法范型：集合操作、用集合实现图的广度优先遍历。

六度分隔（six degrees of separation）理论认为，每一个人与世上其他任何人的距离都只要经过 6 步以内的介绍，这样最多只要 6 步就可以建立起一条“朋友的朋友”链来连接任意两个人。每一步都是一定程度的分隔。假设对朋友的定义比较宽松，通常就能让随机的两个人成为朋友，于是六度分隔已经成为一种流行理论。

为了确定两个人之间的分隔度，需要找到他们之间的最短关系。A 可能有一个最好的朋友 B，还有一个朋友 C 同为 B 的朋友。A 和 B 之间经过 C 的关系长度为 2，但他们的直接关系却指明了 A 和 B 之间的分隔度为 1。类似地，图 20-1 中的顶点表示人，边表示关系，X 和 Y 之间的分隔度不是 3 或 4，而是 2。A 和 C 之间的分隔度也是 2。

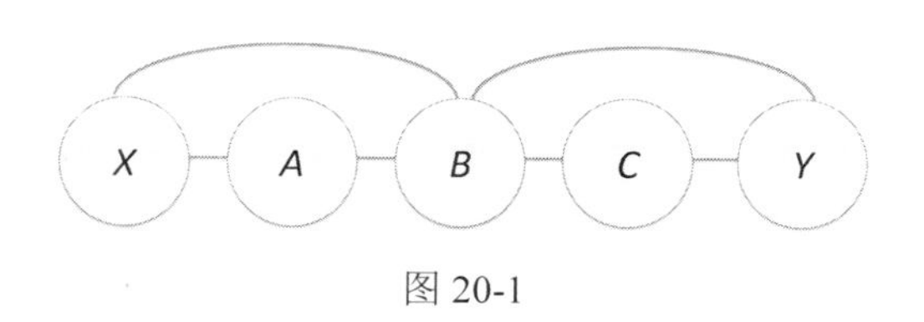

图 20-1

图的分隔度是指任意一对顶点之间的最大分隔度。对图 20-1 而言，分隔度为 2。每个顶点都可以由其他任何顶点在两步内到达。

重点是要理解图中两个顶点间的分隔度与图的分隔度之间的区别。后者也称为图的直径（diameter）。要明白，即便宇宙中的每个人都能由某人在 k 步之内访问到，也并不意味着宇宙的分隔度是 k。宇宙分隔度至少是 k，但也可能高得多。图 20-2 给出了理解这种概念的直观方式。

这里的圆代表宇宙。圆的中心 B 与圆周上或圆内任意点的距离最多只有圆半径那么远。可是圆周上沿直径相对的两个点（如 X 和 Y）则相距圆直径那么远，也就是半径的两倍。

图 20-3 给出的是一个更具体的例子，从 B（图的中心）到任一顶点的分隔度最多为 2。但是 X 和 Y 却彼此相距 4 步，因此图的分隔度为 4。

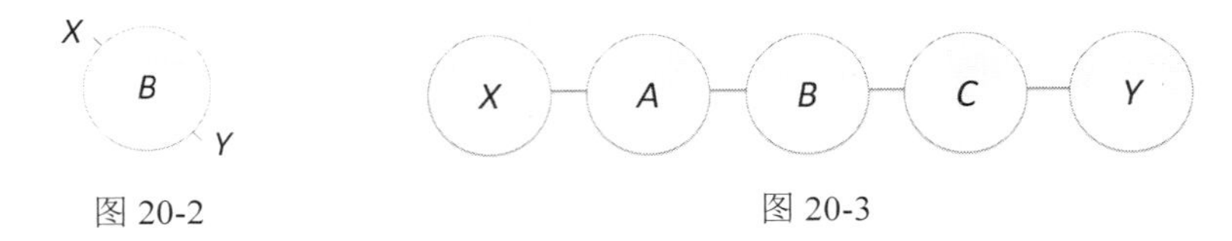

图 20-2　　图 20-3

习题：读者能否论证一下，对于图中给定的顶点 T，如果 T 与任何其他顶点之间的最大分隔度为 k，那么图的分隔度最多为 $2k$？

假定本谜题中的图均为连通图，也就是说每个顶点都可以由其他任一顶点到达。如果有图 20-4 所示的两组顶点，每组的分隔度为 1，但是包含两个组的图的分隔度却是无穷大，因为由 A 不能到达 F。

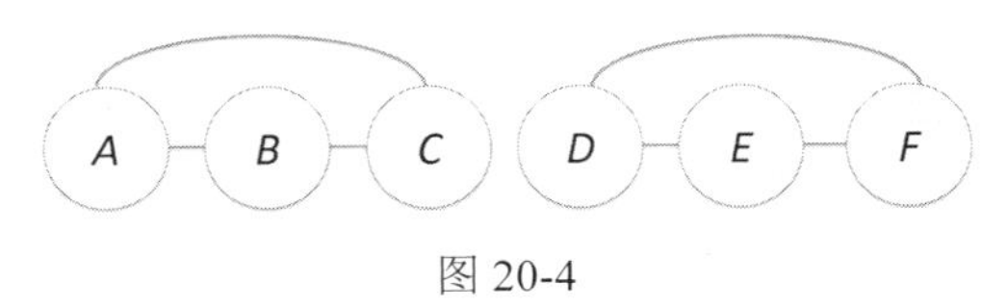

图 20-4

预备知识的介绍到此结束，下面用一些规模较大的例子来提高难度。

图 20-5 是否违反了六度分隔假说？此图中任意一对顶点之间的最大分隔度是多少？该如何计算？

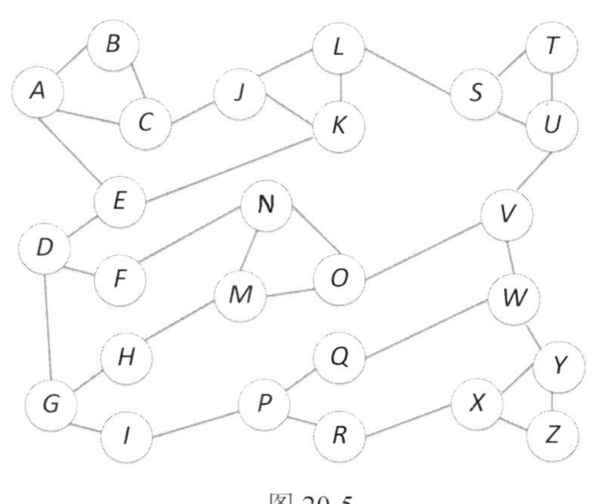

图 20-5

20.1 广度优先搜索

算法的工作方式如下。从某个顶点 S（作为源顶点）开始，找到从 S 到图中其他每个顶点的最短路径。这样就会确定 S 和其他每个顶点之间的分隔度。假设 S 和其他任一顶点间的分隔度是 k_S，那马上就能知道该图的分隔度 d 是 $k_S \leqslant d \leqslant 2k_S$。但是该如何精确确定 d 呢？

如果只是简单从每个顶点作源顶点开始，从每个源顶点运行最短路径算法，那么就可以从中选出最大的 k_S，因为图中每对顶点间的分隔度都已计算出来了。

现在需要的是一种算法，在给定源顶点的情况下，确定其到其他每个顶点的最短路径，这里的路径是边的序列。边的数量就是路径的长度，称为到达该顶点所需的步数。在谜题 19 中确实介绍过一种路径查找算法，但那个算法只能保证从源顶点到达图中所有连通的顶点，而不能保证在到达某个顶点时经过的边是最少的。

广度优先搜索（而非谜题 19 的深度优先搜索算法）能够满足这里的需求。正如其名，广度优先搜索集齐所有从源顶点一步可达的顶点，即单边遍历（one-edge traversal）。这些顶点构成了搜索的新先锋（frontier），并替换源顶点，源顶点是一开始的先锋。给定一个先锋，找到一个新的顶点集合，也就是那些从任一先锋顶点都一步可达的顶点。有一点至关重要，不用再去收集已访问过的顶点，如源顶点。每个顶点只在某一先锋中包含一次。

第一个先锋（即源顶点）可以从源顶点 0 步到达。第二个先锋包含一步可达的顶点，第三个先锋包含两步可达的顶点，依此类推。当访问完成所有的顶点，搜索结束。最后先锋中的顶点就是与源顶点 S 具有最大分隔度的顶点，并且只能经过 k_S 步才可到达。

下面演示了算法在图 20-6 中的工作过程，源顶点是 A。

这里将先锋绘制成穿过该先锋所属顶点的线，并按照生成顺序对先锋进行了编号。每个顶点只能属于一个先锋。因为 B 和 C 属于先锋 1，所以继续查找从 B 和 C 一步可达且尚未访问过的顶点。这样就产生了先锋 2，包含 D 和 E。

虽然图中从 A 到 F 有一条包含 5 条边的路径，$A \to C \to B \to D \to E \to F$，可最短路径为包含 3 条边的 $A \to C \to E \to F$。在递归式的深度优先搜索算法中，很有可能采用较长路径首先到达 F。广度优先搜索算法会计算最短路径，此次执行计算出的 k_A 为 3。

下面假设将顶点 C 换作源顶点，从它开始搜索。先锋将如图 20-7 所示。

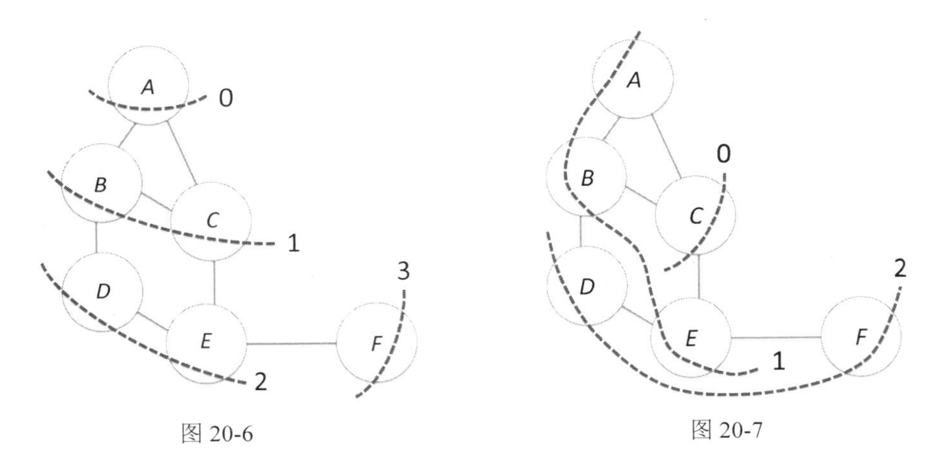

图 20-6　　　　　　　　　　图 20-7

A、B 和 E 都一步可达，D 和 F 两步可达。这就意味着 $k_C = 2$。

20.2　集合

从数学上讲，广度优先搜索算法中的每个先锋都是一组顶点。也就是说顶点的顺序无关紧要，顶点也不会重复出现。Python 中的集合对象可用来表示数学意义上的集合（即不重复的无序对象集），并且 Python 提供了很多集合操作。在数独谜题（谜题 14）中，已经用到集合对象来查找答案了。

下面是一个集合的示例：

```
frontier = {'A', 'B', 'D'}
```

按照以下方式可向集合添加和删除元素：

```
frontier.add('F')
frontier.remove('A')
print(frontier)
```

产生的结果如下：

```
{'D', 'B', 'F'}
```

请注意，如果要删除的元素不在集合中，将会抛出异常 `KeyError`。可以分别用类似`'A' in frontier`和`'A' not in frontier`的方法来检查某个元素是否位于集合之中。

可以先创建空集合，再往里添加内容，如下所示：

```
frontier = set()
frontier.add('A')
```

Python 支持交集、并集和差集之类的集合操作。

20.3 在广度优先搜索中使用集合

下面将沿用谜题 19 中用过的图的同一种字典形式。下面就是刚执行过算法的示例的字典形式：

```
small = {'A': ['B', 'C'],
         'B': ['A', 'C', 'D'],
         'C': ['A', 'B', 'E'],
         'D': ['B', 'E'],
         'E': ['C', 'D', 'F'],
         'F': ['E']}
```

每个顶点都是字典中的一个键。上面每一行都是一个键值对，其值是沿着边连接到顶点键的顶点列表。和以前一样，要处理的都是无向图，即包含无向边的图。广度优先搜索过程的代码如下：

```
1.    def degreesOfSeparation(graph, start):
2.        if start not in graph:
3.            return -1
4.        visited = set()
5.        frontier = set()
6.        degrees = 0
7.        visited.add(start)
8.        frontier.add(start)
9.        while len(frontier) > 0:
10.           print(frontier, ':', degrees)
11.           degrees += 1
12.           newfront = set()
13.           for g in frontier:
14.               for next in graph[g]:
15.                   if next not in visited:
16.                       visited.add(next)
17.                       newfront.add(next)
```

```
18.            frontier = newfront
19.        return degrees - 1
```

以上过程只用了图和起始顶点作参数。它计算到图中其他每个顶点的最短路径。如果起始顶点不在字典 `graph` 中，则过程中止并返回`-1`（第 2～3 行）。

广度优先搜索所需的数据结构对应为 Python 集合。因为必须确保每个顶点只能位于一个先锋中，所以需要记录已访问过的顶点。已访问顶点和当前先锋都被创建为空集合（第 4～5 行）。变量 `degrees` 是先锋的编号，并初始化为 `0`（第 6 行）。第 7 行和第 8 行通过显式访问起始顶点开始搜索过程。起始顶点被添加到 `visited` 和 `frontier` 集合中。

第 9～18 行的 **while** 循环实现了广度优先搜索过程。现在有了一个非空的先锋，然后从当前先锋的每个顶点开始搜索未访问过的新顶点。外层 **for** 循环（第 13～17 行）将遍历当前先锋中的每个顶点。内层 **for** 循环则查看先锋中每个顶点的所有相邻顶点（第 14～17 行）。如果这些相邻顶点未被访问过（在第 15 行检查），则将它们标记为已访问（第 16 行）并添加到新的先锋中（第 17 行）。一旦退出了外层 **for** 循环，只要将当前先锋设为新先锋（第 18 行）即可转至下一先锋的处理。

当 **while** 循环退出后，就已处理完所有顶点并达到了所谓的“终极先锋”（final frontier，向星际迷航致敬）。然后就返回赋予最终先锋的编号。这个编号就是源顶点与图中其他任意顶点之间的最大分隔度。

下面在小型示例图 `small` 上运行以下代码

```
degreesOfSeparation(small, 'A')
```

生成的正是之前图片中展示的结果：

```
{'A'} : 0
{'C', 'B'} : 1
{'E', 'D'} : 2
{'F'} : 3
```

有趣的地方在哪里呢？下面对大型图运行以下代码

```
large = {'A': ['B', 'C', 'E'], 'B': ['A', 'C'],
         'C': ['A', 'B', 'J'], 'D': ['E', 'F', 'G'],
         'E': ['A', 'D', 'K'], 'F': ['D', 'N'],
         'G': ['D', 'H', 'I'], 'H': ['G', 'M'],
         'I': ['G', 'P'], 'J': ['C', 'K', 'L'],
```

```
        'K': ['E', 'J', 'L'], 'L': ['J', 'K', 'S'],
        'M': ['H', 'N', 'O'], 'N': ['F', 'M', 'O'],
        'O': ['N', 'M', 'V'], 'P': ['I', 'Q', 'R'],
        'Q': ['P', 'W'], 'R': ['P', 'X'],
        'S': ['L', 'T', 'U'], 'T': ['S', 'U'],
        'U': ['S', 'T', 'V'], 'V': ['O', 'U', 'W'],
        'W': ['Q', 'V', 'Y'], 'X': ['R', 'Y', 'Z'],
        'Y': ['W', 'X', 'Z'], 'Z': ['X', 'Y']}
degreesOfSeparation(large, 'A')
```

产生的结果如下：

```
{'A'} : 0
{'C', 'B', 'E'} : 1
{'J', 'K', 'D'} : 2
{'F', 'L', 'G'} : 3
{'I', 'S', 'N', 'H'} : 4
{'T', 'M', 'O', 'U', 'P'} : 5
{'Q', 'V', 'R'} : 6
{'X', 'W'} : 7
{'Z', 'Y'} : 8
```

这里显示该图的分隔度为8。

错了！这里表示分隔度至少是8。必须要对所有可能的起始顶点都运行一遍才行。这里也不必把每个结果都打印出来了，还是走捷径吧。如下所示，选择 *B* 作为起始顶点将会生成任一对顶点之间的最大分隔度。运行

```
degreesOfSeparation(large, 'B')
```

产生的结果如下：

```
{'B'} : 0
{'C', 'A'} : 1
{'E', 'J'} : 2
{'K', 'D', 'L'} : 3
{'F', 'S', 'G'} : 4
{'U', 'I', 'T', 'N', 'H'} : 5
{'V', 'O', 'M', 'P'} : 6
{'Q', 'R', 'W'} : 7
{'X', 'Y'} : 8
{'Z'} : 9
```

从顶点 B 到顶点 Z（反之亦然）的最短路径将经过 9 条边。

在对不同的起始顶点运行 degreesOfSeparation 时，读者将会发现图的“中心”是顶点 U。运行

```
degreesOfSeparation(large, 'U')
```

产生的结果如下：

```
{'U'} : 0
{'T', 'S', 'V'} : 1
{'O', 'W', 'L'} : 2
{'J', 'M', 'K', 'Y', 'Q', 'N'} : 3
{'F', 'P', 'E', 'C', 'H', 'Z', 'X'} : 4
{'A', 'B', 'D', 'I', 'R', 'G'} : 5
```

图 large 的 k_{U} = 5，这在所有起始顶点中是最小的。通过编写大约 20 行代码，就获得了图的大量信息。希望读者现在已确信编程很有用，计算机科学真的很酷。如果你还不确信，再解决一个谜题或许就会奏效了。

20.4　历史

六度分隔理论最早是在 1929 年由匈牙利作家 Frigyes Karinthy 在一个名为“Chains”的短篇小说中提出的。20 世纪 50 年代，Ithiel de Sola Pool（麻省理工学院）和 Manfred Kochen（IBM）开始着手以数学方式证明这一理论，并在公式化方面取得了进展，但没有提出令人满意的证据。

1967 年，美国社会学家 Stanley Milgram 将这一理论称为“小世界理论”，并设计了一种实验方法来对其进行测试。他从美国中西部随机选取一批人员，要求他们向马萨诸塞州的一位陌生人寄送包裹。发件人都知道陌生人的名字和职业，但不知道他的具体位置。给发件人的指示是：“将包裹发给你个人认为最有可能知道目标的熟人，并把本提示也告诉你的熟人朋友。”这一过程应该一直持续下去，直至包裹送达目标。

令人惊讶的是，投递成功的包裹平均只经过了 5 到 7 个中间人。Milgram 的研究结果发表在《今日心理学》(*Psychology Today*）杂志上，“六度分隔”的说法从此诞生。当发现他的结论是基于数量不多的包裹后，他的发现受到了批评。几十年后，哥伦比亚大学的教授 Duncan Watts 在互联网上重建了 Milgram 的实验，规模扩大了很多。Watts 用电子邮件作为要发送的“包裹”，发现中间人的平均数量确实是 6 个！

1997 年出现了一个名为“六度空间”（six degrees）的网站，很多人认为它是第一个社交网站。像 Facebook 和 Twitter 这样的现代网站已经有效地降低了关系链中的中间人数量，可以说几乎降到了 0。

20.5 习题

习题 1 请编写一个过程测出一对顶点的分隔度，参数为图和图中的一对顶点。然后再编写一个过程，调用第一个过程测定图中每对顶点的分隔度，并返回最大值作为图的分隔度。

当然，还有一种解决方案是对图的每个起始顶点运行过程 `degreesOfSeparation`，找到与每个起始顶点分隔最大的顶点，并输出所有运行结果中的最大值。这就是为本谜题的社交圈 `large` 找到分隔度为 9 的方法。

习题 2 在本谜题为无向图建立的字典形式中，有一点令人生厌，就是必须将顶点 A 和顶点 B 之间的每条无向边表示为两条边，一条从 A 到 B，另一条从 B 到 A。在将大型图写成字典形式时，这样很容易出错。事实上，在人工将本谜题包含了 26 个顶点的大型示例图转换为字典 `large` 时，就出了很多差错。请编写一个如上所述的过程，检查图的字典形式的对称性，如果从任一顶点 X 到顶点 Y 有一条边，就应该存在一条从 Y 到 X 的对称边。

习题 3 虽然已给出的代码计算并打印出了所有先锋，但它没有明确显示出任意一对顶点间的路径。请编写一个函数，给定图和一对顶点，打印出这对顶点之间的最短路径。对顶点 B 和 Z 而言，应该得到如下结果：

$$B \rightarrow C \rightarrow J \rightarrow L \rightarrow S \rightarrow U \rightarrow V \rightarrow W \rightarrow Y \rightarrow Z$$

或者也可能是如下结果：

$$B \rightarrow A \rightarrow E \rightarrow D \rightarrow G \rightarrow I \rightarrow P \rightarrow R \rightarrow X \rightarrow Z$$

提示：必须要把所有先锋保存下来，并从末端顶点开始倒推。在即将到达末端顶点前的先锋中，找到有条边与末端顶点相连的顶点 W，至少必须得有这样一个 W。然后再在即将到达 W 的先锋中找到一个顶点，它有一条边连着 W。如此等等，直至到达起始顶点，也就是第一个先锋。

难题 4 假定所有边的地位不完全平等，有些边代表距离较远，关系不大亲密。这里给代表疏远关系的边赋予权重 2，给代表亲密关系的边赋予权重 1。图 20-8 给出的是加权图的示例，后面给出其字典形式。

```
smallw = {'A': [('B', 1), ('C', 2)],
          'B': [('A', 1), ('C', 1), ('D', 1)],
          'C': [('A', 2), ('B', 1), ('E', 2)],
          'D': [('B', 1), ('E', 1)],
          'E': [('C', 2), ('D', 1), ('F', 2)],
          'F': [('E', 2)]}
```

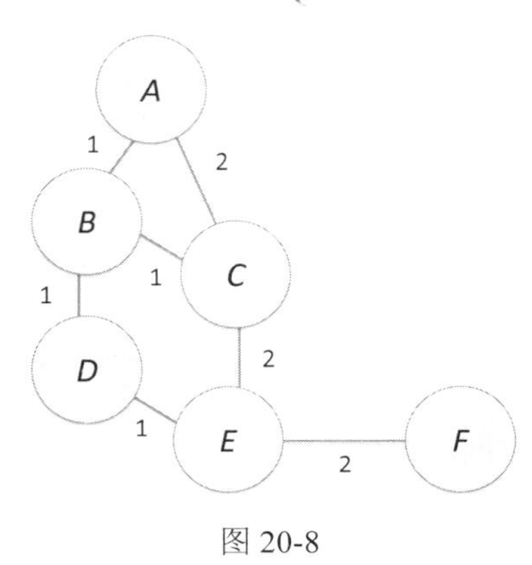

图 20-8

在顶点键的值列表中，每个元素都是一个二元组，其中包含目标顶点和边的权重。这里要处理的是无向边，且不妨假定边在两个方向上的权重相同。

两个顶点间的加权分隔度定义为顶点间的最小加权路径，路径的权重是指组成路径的所有边的权重之和。因为从 A 到 C 的直连边是距离较远的边，所以从顶点 A 到顶点 C 的加权分隔度是 2。类似地，从 A 到 F 的加权分隔度是 5，路径为 $A \to B \to D \to E \to F$，权重是 $1 + 1 + 1 + 2 = 5$。路径 $A \to C \to E \to F$ 经过的边较少，但权重 $2 + 2 + 2 = 6$ 却较大。

请编写过程 `weightDegreesOfSeparation`，计算从起始顶点到其他任一顶点的最大加权分隔度。这将需要计算从起始顶点到其他每个顶点的加权分隔度。

提示：可以考虑将图加以变形，而不是修改广度优先搜索算法。请借助习题 2 中的代码，确保变形后的图的字典形式满足关系的对称性。

谜题 21

问题有价

本谜题涵盖的编程结构和算法范型：面向对象编程、二叉查找树。

都已经玩了 20 个谜题游戏了。下面来一个不一样的。

请你的朋友想一个 1 到 7 之间的数字。你负责用最少的次数猜出这个数字。一旦猜对后，就轮到你想一个数字，然后由你的朋友猜。你们两个玩这个游戏来打发时光是最合适不过了，请记录下每一轮每个人的所有猜测结果，每一轮你们两个都有机会猜数字。之后，你们会去吃晚饭，由猜的次数多的人付账。所以你赢起来很有动力。

下面介绍如何玩游戏的一些细节。假设想数字的人叫作“思想者”（thinker），猜数字的人叫作“猜想者”（guesser）。在猜想者开始猜之前，思想者必须把数字写下来，以确保思想者不会作弊或随时修改数字。当猜想者猜出一个数字时，思想者会以正确、小了或大了来回答。这些回答的意思很明显。

到了这一步，你或许觉得采用二分搜索会是最好的策略。对于 1 到 7 之间的数字，最多需要 3 次就能猜中，因为 $\log_2 7$ 大于 2 而小于 3。图 21-1 给出的是二叉查找树（binary search tree，BST）的示意图。

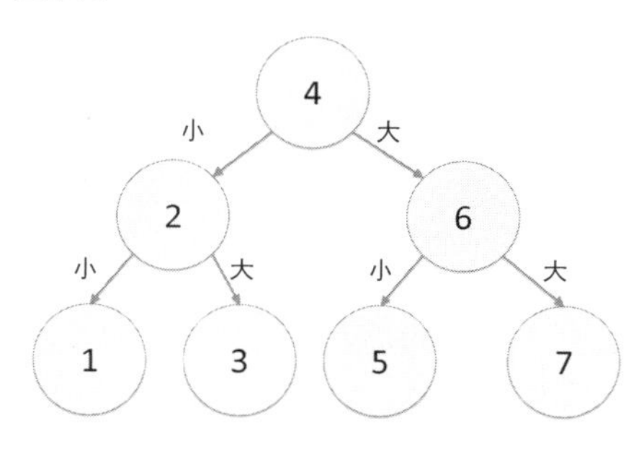

图 21-1

图 21-1 所示的二叉查找树表示一次二分搜索。根是第一次猜测 4。回答小了就移至 2，回答大了就移至 6，回答正确就万事大吉。如果你的朋友想的数字是 4，那么你只用猜一次即可。如果你朋友想的是 7，你就需要猜 3 次，分别是 4、6、7。二叉查找树是一个很酷的数据结构，并且满足以下特性：某个顶点左侧的顶点的数字都小于该顶点的数字，某个顶点右侧的顶点的数字则都大于该顶点的数字。二叉查找树中的每个顶点都是如此，这是一种递归属性。顶点可能会包含 1 个、2 个或 0 个子顶点。

你朋友懂得二分搜索和二叉查找树，所以你会觉得由谁付晚饭钱应该是机会均等。但后来你意识到你朋友总是选择奇数，因为奇数位于二叉查找树的底部，于是你就需要多猜几次。事实上，你估计你的朋友每轮选择数字的概率正好如下所示：

$$Pr(1) = 0.2\ Pr(2) = 0.1\ Pr(3) = 0.2\ Pr(4) = 0$$

$$Pr(5) = 0.2\ Pr(6) = 0.1\ Pr(7) = 0.2$$

图 21-2 给出的二叉查找树图中也标出了概率。

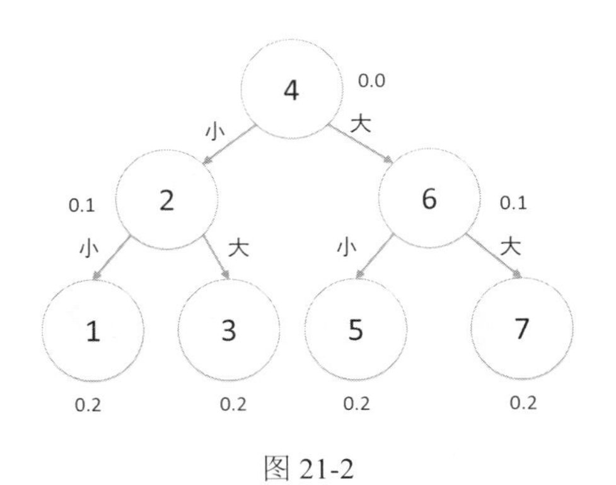

图 21-2

你推断可以通过选择其他的二叉查找树来赢得这场比赛，以便面对奇数时能少猜几次。你知道朋友比较固执，不会改变概率，所以如果能想出一种平均猜测次数更少的二叉查找树，那你就会赢。

根据上述概率，能否生成别的二叉查找树，以最大限度地减少可能要猜测的次数？应尽量减少以下权重值：

$$weight = \sum_{i=1}^{7} Pr(i) \cdot (D(i)+1)$$

$D(i)$是二叉查找树中数字 i 的深度。对之前介绍过的普通二叉查找树而言，以上权重值为 $0.2 \times 3 + 0.1 \times 2 + 0.2 \times 3 + 0 \times 1 + 0.2 \times 3 + 0.1 \times 2 + 0.2 \times 3 = 2.8$。当 $i = 1$

时，表示猜中数字 1 的概率为 0.2，深度为 3。当 $i=2$ 时，表示猜中数字 2 的概率为 0.1，深度为 2。依此类推。

还可以采用其他二叉查找树取得更好的效果。免费的晚餐正在向你招手。

图 21-3 给出的是优化后的二叉查找树，能最小化某概率下的权重值。

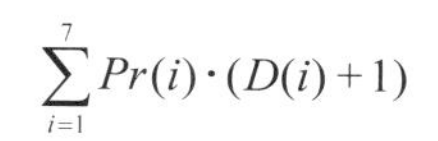

$$\sum_{i=1}^{7} Pr(i)\cdot(D(i)+1)$$

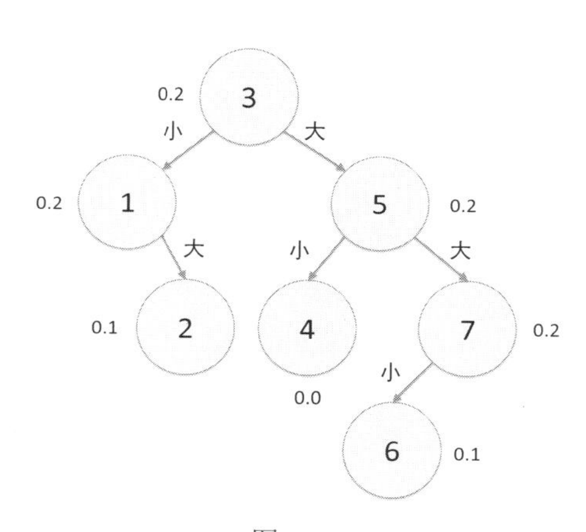

图 21-3

首先要注意的是图 21-3 包含了更深的顶点，深度为 4。而“平衡”二叉查找树的最大深度为 3，平均猜测次数为 2.8。图 21-3 二叉查找树的平均猜测次数，即所谓二叉查找树的权重（weight），是 $0.2\times2+0.1\times3+0.2\times1+0\times3+0.2\times2+0.1\times4+0.2\times3=2.3<2.8$。这是对给定概率所能达到的最佳效果。

也许你已经通过试错法得出了这个二叉查找树。当然，下次与朋友或别人玩这个游戏时，你可能需要组合出另一种二叉查找树来对其他概率做出优化。大家自然会想到，编写一个程序，在给定一组概率时能自动生成具有最小权重的最优二叉查找树。

21.1　用字典构造二叉查找树

如何用字典来表示图已经介绍过了。二叉查找树是一种特殊的图，因此无疑可用字典形式表示。图 21-4 给出的是二叉查找树的一个例子。

以下就是用字典表示的形式：

```
BST = {'root': [22, 'A', 'B'],
       'A': [14, 'C', 'D'],
       'B': [33, 'E', ''],
       'C': [2, '', ''],
       'D': [17, '', ''],
       'E': [27, '', '']}
```

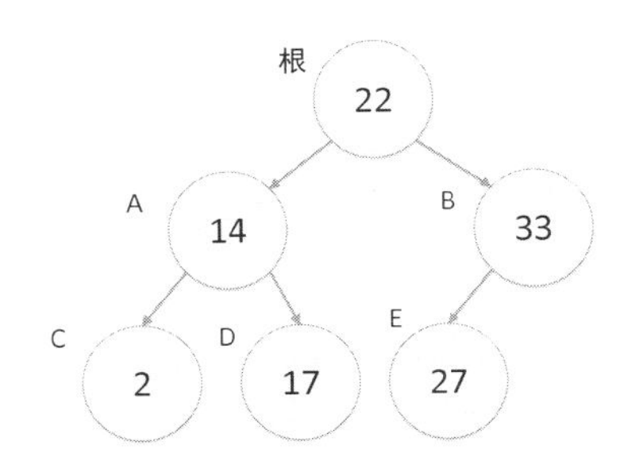

图 21-4

'root'对应于根顶点，编号为 22，BST ['root']会得到字典值是长度为 3 的列表，其中包含与根顶点关联的数字，后跟左子顶点，然后是右子顶点。因此，BST['root'][1]会得到左子顶点，即顶点'A'。BST[BST['root'][1]]会给出顶点'A'对应的值列表，即[14,'C','D']。

空字符串''表示不存在的子顶点。例如，名为'B'数字为 33 的顶点不存在右子顶点。叶顶点也没有子顶点，例如，数字为 27 的顶点'E'。

注意，之前的二叉查找树示例图并不带顶点名称。但是这里二叉查找树的字典形式却带了名称。假设二叉查找树中的所有数字都是唯一的，那么用数字即可唯一标识顶点。如果能简化字典形式，直接用数字作为字典的键，那应该会很棒。不妨做以下尝试：

```
BSTnoname = {22: [14, 33],
             14: [2, 17],
             33: [27, None],
              2: [None, None],
             17: [None, None],
             27: [None, None]}
```

可是这里有一个问题。如何得知哪个数字对应根顶点呢？记住，字典键的顺序并不可靠。如果枚举全部字典键并打印出来，可能不一定会得到上述顺序，例如，33 可能是第一个打印出来的键，但它不是二叉查找树的根顶点。

当然可以遍历整个二叉查找树，确定 22 在字典所有值的列表中都未出现，于是它肯定是根顶点。但这样就会陷入大量的计算中，而且是随着二叉查找树顶点数的增多而增长的，顶点数记为 n。通常用二叉查找树是为了能以 $c \log n$ 次操作执行数字搜索的操作，这里 c 是一个较小的常量。必须用一种方法对根顶点进行标记。可以在字典结构之外用列表进行标记：

```
BSTwithroot = [22, BSTnoname]
```

这也太麻烦了！因此这里将沿用原先的表现形式，展示如何创建二叉查找树、在二叉查找树中查找数字等操作。然后会从字典形式转到面向对象的编程形式！

21.2　字典形式下的二叉查找树操作

下面介绍如何用字典来表示二叉查找树。以下代码将涉及检查二叉查找树中是否存在数字、将新数字插入二叉查找树，以及最后按序生成二叉查找树中的所有数字。所有这些过程都将从根到叶递归遍历二叉查找树。二叉查找树中的叶子是指没有子顶点的顶点。例如，在以上字典示例中，2、17 和 27 就是叶顶点。

下面是在二叉查找树中查找某个数字的代码：

```
1.    def lookup(bst, cVal):
2.        return lookupHelper(bst, cVal, 'root')

3.    def lookupHelpe (bst, cVal, current):
4.        if current == '':
5.            return False
6.        elif bst[current][0] == cVal:
7.            return True
8.        elif (cVal < bst[current][0]):
9.            return lookupHelper(bst, cVal, bst[current][1])
10.       else:
11.           return lookupHelper(bst, cVal, bst[current][2])
```

先从根顶点开始查找数字，根顶点用名称`'root'`（第 2 行）标识。如果正在查找的当前顶点为空（由空字符串`''`表示），则返回 **False**（第 4～5 行）。如果当前顶点的值等于要搜索的值，则返回 **True**（第 6～7 行）。否则，如果搜索的值小于当前顶点值，则递归搜索当前顶点的左子顶点（第 8～9 行）。最后一种情况是搜索的值大于当前顶点值，这时就递归搜索当前顶点的右子顶点（第 10～11 行）。

接下来看一下如何通过在二叉查找树中插入新数字来对其进行修改。插入的方式必须能维持二叉查找树的属性。如同是在二叉查找树中查找这个数字，仍然从根顶点往下走，根据遇到的值的大小向左或向右走。当到达叶顶点且没有找到该数字时，根据其小于还是大于叶顶点值，分别为要插入的数字创建叶顶点的左子顶点或右子顶点。

假定有一棵二叉查找树，如图 21-5 左侧所示，现在要在其中插入 4，结果如图 21-5 右侧所示。

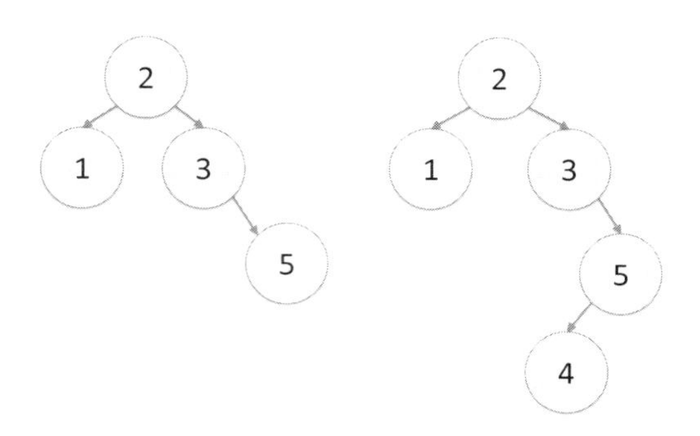

图 21-5

在数字 2 处向右边的 3 前进（因为 4 > 2），又从 3 向右边的 5 前进（因为 4 > 3），在 5 处向左（因为 4 < 5）创建一个对应于 4 的新顶点。

下面给出的插入算法代码假定二叉查找树中不存在名为 `val` 的目标数字，可以认为只有在 `lookup` 生成 **False** 时才会调用它。代码还假定已存在一个名为`'root'`的根顶点。根顶点需要有一个数字与其关联，并且最初不带子顶点。子顶点都是通过 `insert` 添加的。还有一点需要注意，与上面的图示例子不同，代码中不仅要处理顶点值，还得处理顶点的名称。

```
1.    def insert(name, val, bst):
2.        return insertHelper(name, val, 'root', bst)

3.    def insertHelper(name, val, pred, bst):
4.        predLeft = bst[pred][1]
5.        predRight = bst[pred][2]
6.        if ((predRight == '') and (predLeft == '')):
7.            if val < bst[pred][0]:
8.                bst[pred][1] = name
9.            else:
10.               bst[pred][2] = name
11.           bst[name] = [val, '', '']
12.           return bst
13.       elif (val < bst[pred][0]):
14.           if predLeft == '':
15.               bst[pred][1] = name
16.               bst[name] = [val, '', '']
17.               return bst
18.           else:
```

```
19.                 return insertHelper(name, val, bst[pred][1], bst)
20.         else:
21.             if predRight == '':
22.                 bst[pred][2] = name
23.                 bst[name] = [val, '', '']
24.                 return bst
25.             else:
26.                 return insertHelper(name, val, bst[pred][2], bst)
```

过程 insert 只是简单地调用了 insertHelper，这里假定根顶点的名称为 'root'。不然就必须在某个地方保存根顶点的名称，并用它开始搜索。

在 insertHelper 的代码中分布着多个基线条件。如果有一个顶点不带子顶点（在第 6 行检查），则可以插入目标数字作为当前顶点的左子顶点或右子顶点（第 7～12 行），于是任务完成。否则，如果要插入的数字小于顶点数字（第 13 行），可以将数字作为左子顶点插入，前提是左子顶点还不存在（第 15～17 行），然后结束。如果左子顶点存在，就对左子顶点递归调用 insertHelper。第 20～26 行负责处理要插入的数字大于当前顶点数字的情况，过程类似第 13～19 行。

为了创建与之前给出的 BST 对应的二叉查找树，很遗憾就不能在空字典上使用 insert 了。必须通过创建空字典来创建一个空树，然后显式地添加根顶点，再加入带有名称和数字的各个顶点，如下所示：

```
BST = {}
BST['root'] = [22, '', '']
insert('A', 14, BST)
insert('B', 33, BST)
insert('C', 2, BST)
insert('D', 17, BST)
insert('E', 27, BST)
```

最后一次 insert 将会返回以下结果。

```
{'C': [2, '', ''], 'root': [22, 'A', 'B'], 'E': [27, '', ''],
'A': [14, 'C', 'D'], 'B': [33, 'E', ''], 'D': [17, '', '']}
```

对根顶点和其他顶点必须做不同的处理，并且还必须对顶点命名，这相当烦人。前一个问题可以通过 insert 中的特别的基线条件代码来解决，但后者则更多是因为字典形式的基本要求，如前所述。

最后介绍如何按升序获得存于二叉查找树中的数字列表。利用二叉查找树的特性按序遍历即可生成有序列表，代码如下所示。

```
 1.    def inOrder(bst):
 2.        outputList = []
 3.        inOrderHelper(bst, 'root', outputList)
 4.        return outputList

 5.    def inOrderHelper(bst, vertex, outputList):
 6.        if vertex == '':
 7.            return
 8.        inOrderHelper(bst, bst[vertex][1], outputList)
 9.        outputList.append(bst[vertex][0])
10.        inOrderHelper(bst, bst[vertex][2], outputList)
```

有意义的代码位于 insertHelper 中。第 6～7 行是递归基线条件。有序遍历意味着首先遍历左子顶点（第 8 行），再将当前顶点的数字追加到有序列表中（第 9 行），然后再遍历右子顶点（第 10 行）。

这就导致了另一种排序算法：给定一组任意顺序的数字，将它们逐个插入一个最初为空的二叉查找树中。然后，用 inOrder 即可获得排序后的列表。

21.3　面向对象风格的二叉查找树

下面将再次引入类和面向对象编程（Object-Oriented Programming，OOP）并解释其基础知识。之所以是“再次引入”，是因为已经用到过列表和字典之类的 Python 内置类，也调用过列表和字典对象的方法了，而方法正是 OOP 的精髓所在。

下面有一些例子。谜题 1 中编写过 interval.append(arg)，它调用列表 intervals 的方法 append 并将参数 arg 追加到列表 intervals 中。谜题 3 用到 deck.index(arg)在列表 deck 中查找参数 arg 对应元素的索引。谜题 14 中，用 vset.remove(arg)从集合 vset 中删除参数 arg 对应的元素。

本谜题的最大区别在于要定义自己的 Python 类。首先将定义一个顶点类，该类将用于对应二叉查找树的顶点，但很容易就可应用于图或其他类型的树中。

```
1.    class BSTVertex:
2.        def __init__(self, val, leftChild, rightChild):
3.            self.val = val
```

```
 4.            self.leftChild = leftChild
 5.            self.rightChild = rightChild

 6.        def getVal(self):
 7.            return self.val

 8.        def getLeftChild(self):
 9.            return self.leftChild

10.        def getRightChild(self):
11.            return self.rightChild

12.        def setVal(self, newVal):
13.            self.val = newVal

14.        def setLeftChild(self, newLeft):
15.            self.leftChild = newLeft

16.        def setRightChild(self, newRight):
17.            self.rightChild = newRight
```

第 1 行定义了新类 BSTVertex。第 2～5 行定义了类的构造函数，需要命名为__init__。构造函数不仅创建一个新的 BSTVertex 对象并返回它（会有一个隐式返回），而且还初始化 BSTVertex 中的字段。字段本身是通过初始化来完成定义的。BSTVertex 包含 3 个字段，即值 val、左子顶点 leftChild 和右子顶点 rightChild。要添加一个名称字段很容易，但这里不这么做，部分原因是要与字典形式形成对比，部分原因是要表明名称不是必需的。

下面是构造一个 BSTVertex 对象的代码：

```
root = BSTVertex(22, None, None)
```

注意，这里没有直接调用__init__，而是通过 BSTVertex 的类名来调用构造函数，并且只指定了 3 个参数，对应__init__的后 3 个参数。参数 self 的纳入只是为了能在过程中引用对象。否则就要写成 leftChild = leftChild 了，这样读代码的人和 Python 环境都会很难理解！在以上对构造函数的调用中，创建了一个顶点 root（可将其视为尚未创建的二叉查找树的根顶点），其包含数字/值 22 并且没有子顶点。

第 6～17 行定义了访问和修改（或改变）对象 BSTVertex 的方法。严格地说，这些方法不是必须具备的，但这是 OOP 的良好实际做法。不通过 `n.getVal()`，而只是用 `bn.val` 的写法访问顶点 `bn` 的值，当然是可以做到的。或者不通过 `n.setVal(10)`，而可用 `bn.val = 10` 来修改顶点的值。注意，在访问器（accessor）和修改器（mutator）方法中不一定非要指定参数 `self`，这类似于在构造函数方法中也未指定。读取和返回对象值的方法称为访问器方法，修改或改变对象值的方法称为修改器方法。

下面介绍二叉查找树的类，其中的一部分代码如下：

```
1.     class BSTree:
2.         def __init__(self, root):
3.             self.root = root

4.         def lookup(self, cVal):
5.             return self.__lookupHelper(cVal, self.root)

6.         def __lookupHelper(self, cVal, cVertex):
7.             if cVertex == None:
8.                 return False
9.             elif cVal == cVertex.getVal():
10.                return True
11.            elif (cVal < cVertex.getVal()):
12.                return self.__lookupHelper(cVal,\
12a.                           cVertex.getLeftChild())
13.            else:
14.                return self.__lookupHelper(cVal,\
14a.                          cVertex.getRightChild())
```

二叉查找树的构造函数非常简单，在第 2～3 行中定义。它创建一个带有根顶点的二叉查找树，该根顶点以参数的形式给出。尽管在构造函数中没有指定，但这里假定是用一个 `BSTVertex` 对象作为根顶点。而在第 4～14 行中指定的 `lookup` 方法清楚地表明了这一点。过程 `lookup` 执行搜索的方式与之前介绍过的基于字典的查找方式相同，但是针对的是对象中的字段而不是列表或字典中的位置。遵循 Python 约定，这里在函数和过程的名称前加上了“__”前缀，如 `lookupHelper`，这些函数不是供类的使用者直接调用的。

下面是创建二叉查找树和查找顶点的代码。

```
root = BSTVertex(22, None, None)
tree = BSTree(root)
```

```
lookup(tree.lookup(22))
lookup(tree.lookup(14))
```

第一条查找语句将返回 **True**，第二条则返回 **False**。这个二叉查找树并不算特别有意思，所以还是看一下如何将顶点插入二叉查找树吧。注意，下面的代码位于 BSTree 类中，因此行号会继续下去。insert 的缩进与 lookup 处于同一级别。

```
15.        def insert(self, val):
16.            if self.root == None:
17.                self.root = BSTVertex(val, None, None)
18.            else:
19.                self.__insertHelper(val, self.root)

20.        def __insertHelper(self, val, pred):
21.            predLeft = pred.getLeftChild()
22.            predRight = pred.getRightChild()
23.            if (predRight == None and predLeft == None):
24.                if val < pred.getVal():
25.                    pred.setLeftChild((BSTVertex(val, None, None)))
26.                else:
27.                    pred.setRightChild((BSTVertex(val, None, None)))
28.            elif (val < pred.getVal()):
29.                if predLeft == None:
30.                    pred.setLeftChild((BSTVertex(val, None, None)))
31.                else:
32.                    self.__insertHelper(val, pred.getLeftChild())
33.            else:
34.                if predRight == None:
35.                    pred.setRightChild((BSTVertex(val, None, None)))
36.                else:
37.                    self.__insertHelper(val, pred.getRightChild())
```

上述代码比基于字典的代码更加清晰一些。过程 insert 能够应对树的根顶点不存在的情况。事实上，有了 insert 就可以做以下操作：

```
tree = BSTree(None)
tree.insert(22)
```

这会创建一个二叉查找树，其根顶点的数字为 22 且没有子顶点，免得在创建 BSTree 对象之前必须为根顶点创建一个 BSTVertex 对象。如果在创建空树时不想键入 **None**，则可以修改树的构造函数使其带有默认参数：

```
2.          def __init__(self, root = None):
3.              self.root = root
```

最后，下面给出一个按序遍历树的过程。同样，它采用与基于字典形式完全相同的算法。这段代码也位于 BSTree 类中。

```
38.         def inOrder(self):
39.             outputList = []
40.             return self.__inOrderHelper(self.root, outputList)

41.         def __inOrderHelper(self, vertex, outList):
42.             if vertex == None:
43.                 return
44.             self.__inOrderHelper(vertex.getLeftChild(), outList)
45.             outputList.append(vertex.getVal())
46.             self.__inOrderHelper(vertex.getRightChild(), outList)
47.             return outList
```

这段 OOP 风格代码的最佳之处就是扩展起来容易得多。如果想为二叉查找树顶点加入名称，通过向 BSTVertex 添加字段即可轻松实现。在习题 1 和习题 2 中，将会对二叉查找树数据结构进行扩展。

21.4　回到谜题：算法

现在必要的数据结构已经有了，下面尝试用一种贪心算法来解决问题。贪心算法会选取概率最高的数字作为二叉查找树的根顶点。原因是想让概率最高的数字具备最小的深度。一旦选定了根顶点，就知道了需要位于其左边的数字，也知道了其右边所需的数字。然后再次对两边的顶点应用贪心规则。貌似这是一种效果很好的算法。许多情况下的确如此。但是，它在其他很多时候都没有产生最优二叉查找树[①]。图 21-6 给出了一个失败的例子。

假设思想者选择 1、2、3 或 4 的概率分别为 $\frac{1}{28}$、$\frac{10}{28}$、$\frac{9}{28}$ 和 $\frac{8}{28}$。思想者选 2 的概率最高，因此贪心算法会选择它作为根顶点。这意味着 1 需要在根顶点的左侧，3 和 4 需要在根顶点的右侧。由于选 3 的概率高于选 4，因此选择 3 作为根顶点右侧的第一个顶点。这样就得到了图 21-6 左边的二叉查找树，它生成平均猜测次数或权重等

① 这种情况一直都在发生！除了谜题 16，贪婪大多是坏事。

于 $\frac{1}{28}\times 2+\frac{10}{28}\times 1+\frac{9}{28}\times 2+\frac{8}{28}\times 3=\frac{54}{28}$。有一个二叉查找树会更优，也就是权重更小的二叉查找树，如图 21-6 右边所示。该二叉查找树选择 3 作为根顶点，对应的权重为 $\frac{1}{28}\times 3+\frac{10}{28}\times 2+\frac{9}{28}\times 1+\frac{8}{28}\times 2=\frac{48}{28}$。

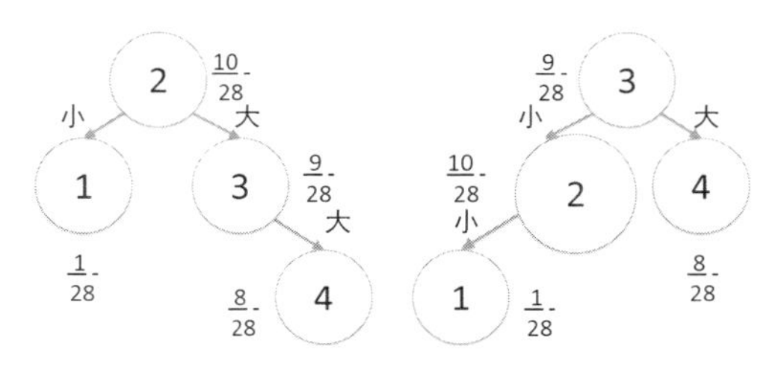

图 21-6

这就意味着，为了能让权重最小，必须尝试不同根顶点的概率并选取最佳的根顶点。假设对于给定数字 $k(0), k(1), \cdots, k(n-1)$而言，$e(0, n-1)$是最小权重。每个 $k(i)$的概率表示为 $p(i)$。假定 $k(0) < k(1) < \cdots < k(n-1)$。这表示如果选取 $k(i)$作为根顶点，那么 $k(0), \cdots, k(r-1)$将在其左侧，而 $k(r+1), \cdots, k(n-1)$则在其右侧，如图 21-7 所示。两边的子树（显示为三角形）也都是二叉查找树，并且具有最小权重 $e(0, r-1)$和 $e(r+1, n-1)$。

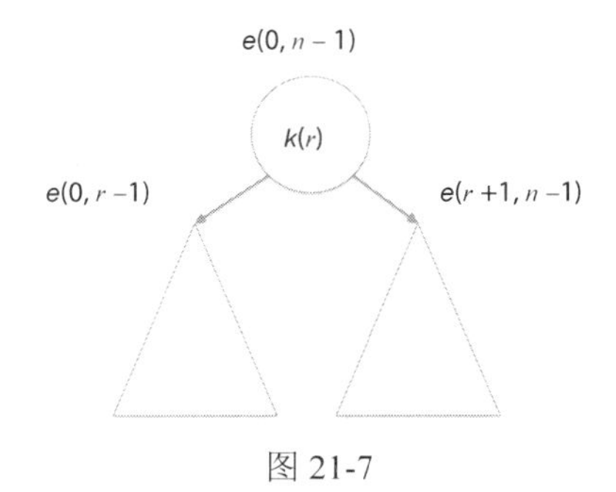

图 21-7

完整的递归分解公式由以下两个等式给出，其中 i 是起始索引，j 是结束索引：

$$e(i,i)=p(i)$$
$$e(i,j)=\min_{r=i}^{j}(e(i,r-1)+e(r+1,j))+\sum_{s=1}^{j}p(s)$$

如果只有一个数字 i，则只可能有一个二叉查找树，其最小权重为 $p(i)$。这是基线条件。

如果有一组数字 $k(i)$到 $k(j)$，则必须对每个可能的根顶点都选一遍，并选出权重最小的作为最佳根顶点。在第二个方程中有一个额外的求和项，这值得解释一番。该项完成权重公式 $\sum_i Pr(i) \cdot (D(i)+1)$ 中 $p(i)$ 乘以 $(D(i)+1)$ 的计算。对于每个顶点 i，当其未选作根顶点时就加上 $p(i)$，当其被选为根顶点时则加最后一次 $p(i)$ 并给出权重为 $(D(i)+1)$。值得强调的是，一旦选了顶点 i 作为根顶点，它在递归分解中就不属于任何子树，因此不用再加上 $p(i)$。

为了解释清楚，不妨考虑一下 3 个数的情况，$k(0)$、$k(1)$ 和 $k(2)$，最优二叉查找树如图 21-8 所示。

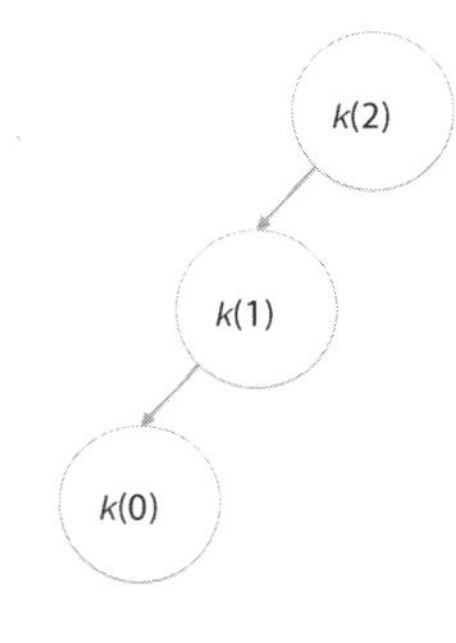

图 21-8

方程式如下：

$$e(0, 2) = e(0, 1) + \cancel{e(3, 2)} + p(0) + p(1) + p(2)$$

$$e(0, 1) = e(0, 0) + \cancel{e(2, 1)} + p(0) + p(1)$$

$$e(0, 0) = p(0)$$

代入数值则生成如下结果：

$$e(0, 2) = 3p(0) + 2p(1) + p(2)$$

这正符合预期。

21.5　解决谜题的代码

首先给出主过程，它提供了谜题求解代码的最外层程序结构。

```
1.    def optimalBST(keys, prob):
2.        n = len(keys)
3.        opt = [[0 for i in range(n)] for j in range(n)]
```

```
4.        computeOptRecur(opt, 0, n - 1, prob)
5.        tree = createBSTRecur(None, opt, 0, n - 1, keys)
6.        print('Minimum average # guesses is', opt[0][n - 1][0])
7.        printBST(tree.root)
```

第 3 行对数据结构 opt 进行初始化，用于存储子树相关子问题的最小权重。因为必须存储 $e(i, j)$值，所以这里需要一个二维列表。列表 opt 的每个元素都是二元组，第一个元素是 $e(i, j)$值，第二个元素是生成该值时选中的根。选中根的数字 keys[i] 的索引 i 作为第二个元素保存。

过程 computeOptRecur 将计算这些最优解并填充列表 opt（第 4 行）。然后必须将这些值转换为最优二叉查找树，正如在谜题 18 硬币选择问题中必须经过回溯来找到硬币。这里是通过过程 optimalBSTRecur（第 5 行）来完成。

下面是递归计算最佳权重的代码。

```
1.    def computeOptRecur(opt, left, right, prob):
2.        if left == right:
3.            opt[left][left] = (prob[left], left)
4.            return
5.        for r in range(left, right+1):
6.            if left <= r - 1:
7.                computeOptRecur(opt, left, r - 1, prob)
8.                leftval = opt[left][r - 1]
9.            else:
10.               leftval = (0, -1)
11.           if r + 1 <= right:
12.               computeOptRecur(opt, r + 1, right, prob)
13.               rightval = opt[r + 1][right]
14.           else:
15.               rightval = (0, -1)
16.           if r == left:
17.               bestval = leftval[0] + rightval[0]
18.               bestr = r
19.           elif bestval > leftval[0] + rightval[0]:
20.               bestr = r
21.               bestval = leftval[0] + rightval[0]
22.       weight = sum(prob[left:right+1])
23.       opt[left][right] = (bestval + weight, bestr)
```

第 2～4 行对应于单个数字的基线条件。第 5～23 行对应于递归的情况，这里不得不对每个数字都选择一遍作为根，并选取能生成最小权重的根顶点。

如果左子树至少包含两个数可供选为根顶点，则第 6～10 执行递归调用。类似地，如果右子树至少包含两个数，则第 11～15 行执行递归调用。

第 16～23 行找到最小权重值。第 16～18 行在循环的第一次迭代中初始化 bestval，如果找到权重更小的解，则第 19～21 行会更新 bestval。最后第 22～23 行执行求和项 $\Sigma_{s=i}^{j} p(s)$的累加操作并更新列表 opt。

读者或许已经看出 computeOptRecur 的代码适合采用 memoization 技术，的确如此。在习题 3 中可以实现采用了 memoization 技术的代码。

一旦知道所有子树的最佳权重后，下面看一下创建最优二叉查找树的过程。

```
1.     def createBSTRecur(bst, opt, left, right, keys):
2.         if left == right:
3.             bst.insert(keys[left])
4.             return bst
5.         rindex = opt[left][right][1]
6.         rnum = keys[rindex]
7.         if bst == None:
8.             bst = BSTree(None)
9.         bst.insert(rnum)
10.        if left <= rindex - 1:
11.            bst = createBSTRecur(bst, opt, left, rindex - 1, keys)
12.        if rindex + 1 <= right:
13.            bst = createBSTRecur(bst, opt, rindex + 1, right, keys)
14.        return bst
```

上述过程假定给定的数字列表 keys 长度至少为 2。该过程可见的是当前规模问题下所选的根顶点（第 5 行）。它用选中的根顶点（第 7～9 行）创建一个二叉查找树，并处理二叉查找树不存在的情况。如果左子树（第 10～11 行）及右子树（第 12～13 行）不为空，则对其进行递归调用。

第 2～4 行是二叉查找树只包含单个顶点的基线条件。因为这里假设初始二叉查找树中至少带有两个数字，所以只有在二叉查找树创建之后才会碰到基线条件。因此，这里不需要检查二叉查找树是否存在。

下面来看一下如何将二叉查找树打印成文本格式。

```
1.    def printBST(vertex):
2.        left = vertex.leftChild
3.        right = vertex.rightChild
4.        if left != None and right != None:
5.            print('Value =', vertex.val, 'Left =',
                     left.val, 'Right =', right.val)
6.            printBST(left)
7.            printBST(right)
8.        elif left != None and right == None:
9.            print('Value =', vertex.val, 'Left =',
                     left.val, 'Right = None')
10.           printBST(left)
11.       elif left == None and right != None:
12.           print('Value =', vertex.val, 'Left = None',
                     'Right =', right.val)
13.           printBST(right)
14.       else:
15.           print('Value =', vertex.val,
                     'Left = None Right = None')
```

注意，以上过程用二叉查找树的根顶点（即 BSTVertex）作参数。这样它就可以简单地在根顶点的左右子顶点上递归调用自己。

下面对本谜题一开始那个激动人心的例子运行一下代码，看看能否生成正确的二叉查找树：

```
keys = [1, 2, 3, 4, 5, 6, 7]
pr = [0.2, 0.1, 0.2, 0.0, 0.2, 0.1, 0.2]
optimalBST(keys, pr)
```

生成的结果如下：

```
Minimum average # guesses is 2.3
Value = 3 Left = 1 Right = 5
Value = 1 Left = None Right = 2
Value = 2 Left = None Right = None
Value = 5 Left = 4 Right = 7
Value = 4 Left = None Right = None
Value = 7 Left = 6 Right = None
Value = 6 Left = None Right = None
```

再对贪心算法失败的例子运行一遍代码：

```
keys2 = [1, 2, 3, 4]
pr2 = [1.0/28.0, 10.0/28.0, 9.0/28.0, 8.0/28.0]
optimalBST(keys2, pr2)
```

生成的结果如下：

```
Minimum average # guesses is 1.7142857142857142
Value = 3 Left = 2 Right = 4
Value = 2 Left = 1 Right = None
Value = 1 Left = None Right = None
Value = 4 Left = None Right = None
```

21.6 多种数据结构的对比

在本书的多种数据结构中，已介绍过列表、字典和二叉查找树。这三者中最简单的是列表，并且它所需的存储空间也最少。如果一组数据只要能存储并按序处理即可，那么这项工作就非常适合用列表。但是，列表在执行很多任务时可能效率不高，例如检查是否为成员，列表所需的操作次数将随列表长度的增长而增加。

字典不仅将列表的索引能力大大拓展，而且还提供了高效的查询成员资格的方法。字典采用散列表作为底层数据结构，这意味着查找数据项只需要几步操作。但另一方面，类似“在 x 和 y 之间是否存在某个键？”这种区间查询（range query），则需要枚举字典中的所有键，因为字典不会有序保存数据项。

在二叉查找树中查找键需要 $\log n$ 次操作，效率比不上字典，但比列表要高很多。因为二叉查找树是有序形式，所以可以在二叉查找树上方便地实现键的区间查询，参见习题 4。

为手头的任务选择正确的数据结构，往往会带来很有意思的算法谜题！

21.7 习题

习题 1 请在类 `BSTree` 中添加一个方法 `getVertex`，用于返回 `BSTVertex`，而不像 `lookup` 那样返回 **`True`** 或 **`False`**。这是对二叉查找树数据结构的改动，与谜题本身无关。

习题 2　再添加一个与 `inOrder` 相仿的方法 `size`，用于计算二叉查找树的大小，二叉查找树的大小定义为二叉查找树中的顶点数量。这是对二叉查找树数据结构的又一处改动。

习题 3　请对 `computeOptRecur` 应用 memoization 技术，创建 `computeOptRecurMemoize` 用于执行大量重复性的工作。带有 memoization 的过程应该对每个 `opt` 数据项（即 $e(i, j)$）只进行一次计算。

习题 4　请实现一个过程 `rangeKeys(bst, k1, k2)`，用于对二叉查找树中的键 `k` 进行检查，使得 `k1 <= k <= k2`，并按增序打印出来。对于图 21-9 所示的二叉查找树 `b`，`rangeKeys(b, 10, 22)`应该打印出 `14`、`17` 和 `22`。

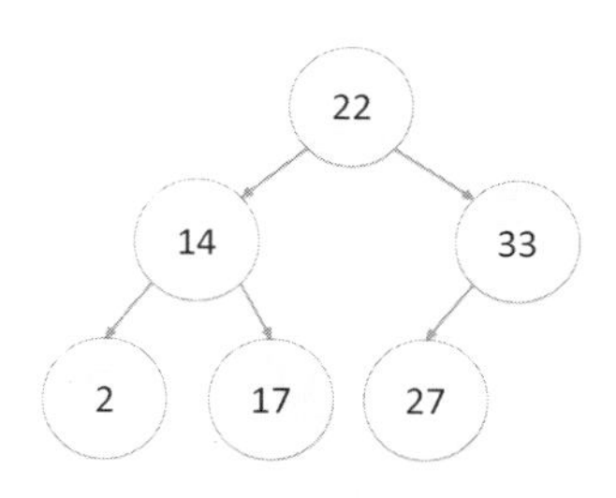

图 21-9